机械制图习题集

主　编　张培训　李玉保
副主编　刘昌云　刘有奇　汤其建

黄河水利出版社
·郑州·

图书在版编目(CIP)数据

机械制图习题集/张培训,李玉保主编.—郑州:黄河水利出版社,2009.9

ISBN 978-7-80734-726-2

Ⅰ.机… Ⅱ.①张…②李… Ⅲ.机械制图-高等学校:技术学校-习题 Ⅳ.TH126-44

中国版本图书馆CIP数据核字(2009)第171430号

出 版 社:黄河水利出版社

地址:河南省郑州市顺河路黄委会综合楼14层　　邮政编码:450003

发行单位:黄河水利出版社

发行部电话:0371-66026940、66020550、66028024、66022620(传真)

E-mail:hhslcbs@126.com

承印单位:黄河水利委员会印刷厂

开本:787 mm×1 092 mm　1/16

印张:7

字数:162千字　　印数:1—4 100

版次:2009年9月第1版　　印次:2009年9月第1次印刷

定价:12.00元

前　言

本习题册是根据一线教师的教学经验，并在广泛吸取高职高专制图教学改革实践经验以及其他同类教材优点的基础上编写而成的，与对应的《机械制图》教材配套使用。全书从工科学生实际就业岗位出发，以培养学生绘制和阅读工程图样为目的，以解决生产实际问题为准则，对传统的机械制图习题内容进行了适当的调整和删减，在习题的选择中使之更加合理，力求突出高职高专教育特色，全面提升学生的识图制图能力。在内容的编写上以必需、够用为度，便于学生在教师的指导下自学。

本习题册由张培训、李玉保担任主编，刘昌云、刘有奇、汤其建担任副主编，参加编写的还有王永刚、彭志军、夏祥春、尚锦燕、杨长瑞、邓子伦、孔祥伟、刘艳涛。

由于编写时间仓促，加之水平有限，书中难免存在错误和不妥之处，敬请广大读者批评指正。

编者

2009 年 8 月

目　录

第1章 制图的基本知识和技能

1.1 字体练习

机械制图设计审核材料比例名称序号数量备注学院班级

箱体齿轮轴套盘盖叉架螺栓垫圈键销滚动轴承弹簧技术要求表面粗糙度

ABCDEFGHIJKLMNOPQRSTUVWXYZ

1234567890

abcdefghijklmnopqrstuvwxyz

班级 姓名 学号

№1 作业指导书

一、目的

1.熟悉主要线型的规格及其画法。

2.掌握图框及标题栏的画法。

3.练习绘图工具的正确使用方法。

二、内容与要求

1.绘制图框和标题栏。

2.按图例要求绘制各种图线。

3.用A4图纸，竖放，不注尺寸，比例1:1。

三、绘图步骤

1.画底稿(用2H或3H铅笔)

(1) 画图框及标题栏。

(2) 按图例中所注的尺寸作图。

(3) 校对底稿，擦去多余的图线。

2.铅笔加深(用HB或B铅笔)

(1) 画粗实线圆、虚线圆和点画线的圆。

(2) 按上述顺序依次画出水平方向和垂直方向直线。

(3) 画45°的斜线，斜线间隔约5 mm(目测)。

(4) 用长仿宋体字填写标题栏。

四、注意事项

1.绘图前，预先考虑图形的布局，从图纸的有效幅面的中心处(标题栏以上图框对角线的交点)开始作图。

2.各种图线必须符合国标的规定。同类图线的宽度应一致。粗实线宽度宜采用0.7 mm。

3.各种图线的相交画法应符合规定。

4.为了保证线型符合标准，虚线和点画线的线段与间隔，在画底稿时，就应正确画出。

5.点画线的线段与"点"要一次画出，不要画好线段后再加"点"。

五、图例(见附图)

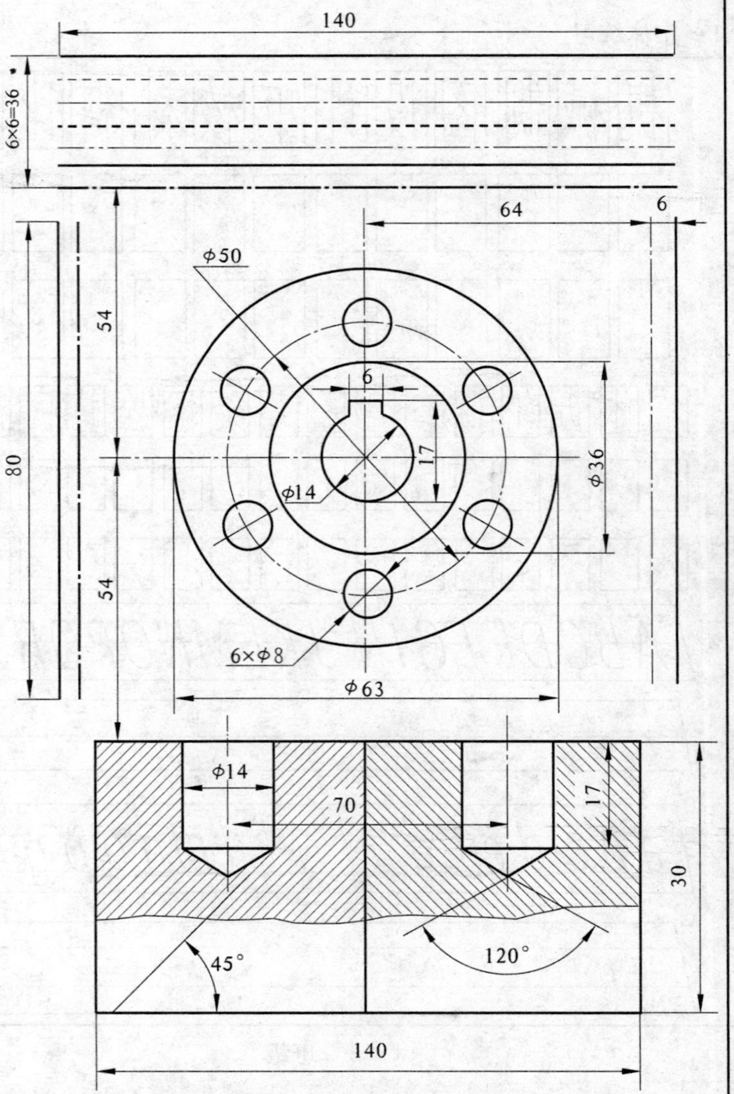

班级　　　　　　姓名　　　　　　学号

1.3 尺寸注法

1.指出图中的错误,并进行正确的标注。

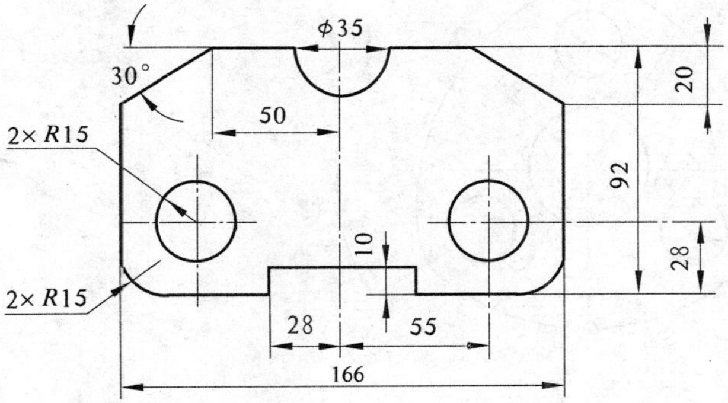

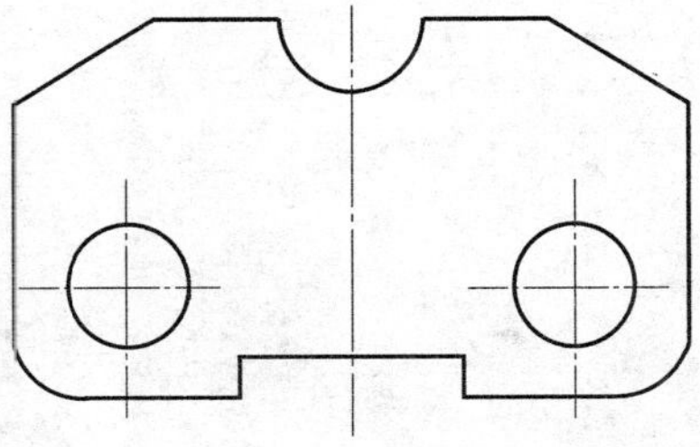

2.标注平面图形尺寸(尺寸从图上量，取整数)。

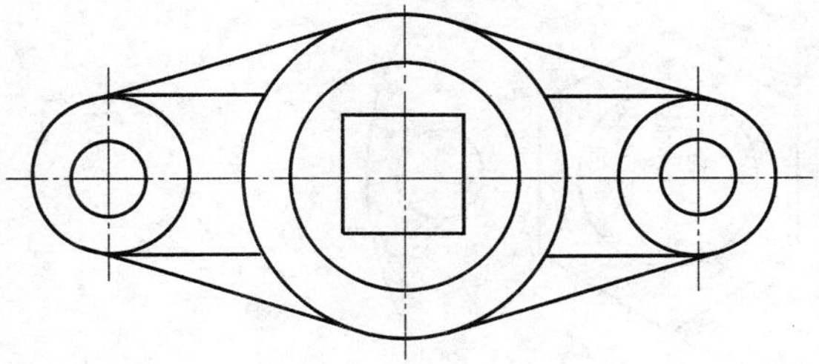

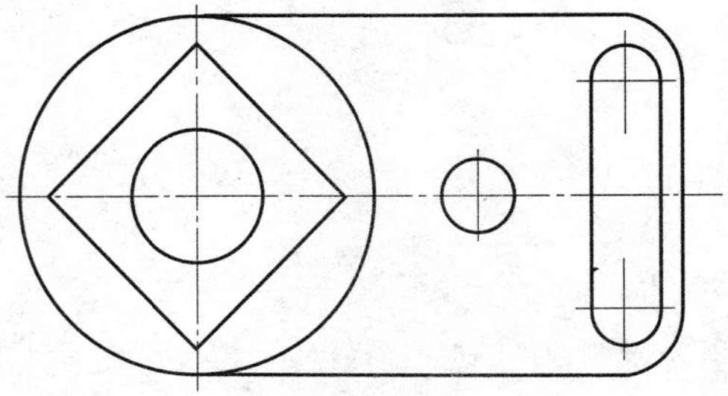

班级　　　　姓名　　　　学号

1.从图中量取尺寸(取整数)画图。

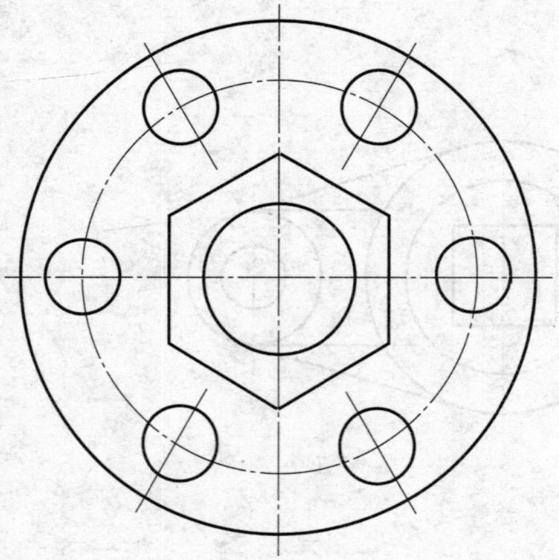

2.按图中尺寸画图。

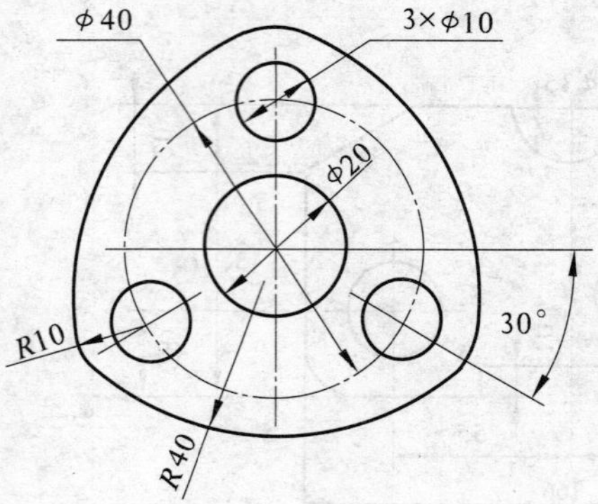

班级　　　　　　姓名　　　　　　学号

1.5 斜度和锥度

1.按尺寸绘制图形，并对斜度进行标注。	2.按尺寸绘制图形，并对锥度进行标注。
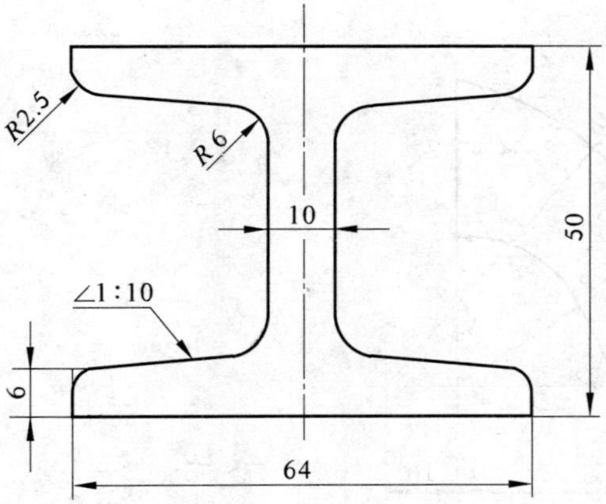	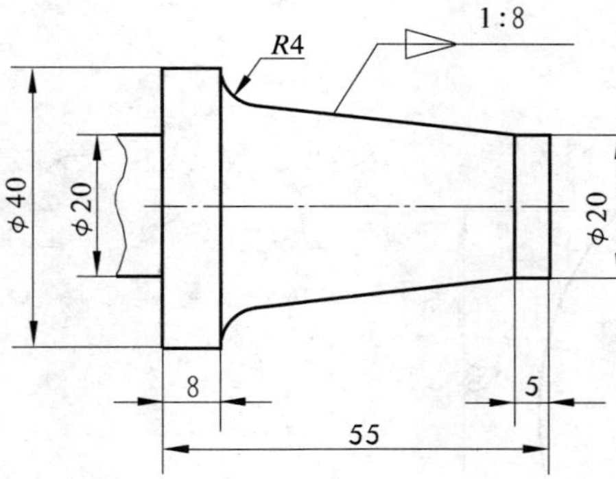

班级　　　　姓名　　　　学号

1.6　圆弧连接

1.按尺寸绘制圆弧连接。

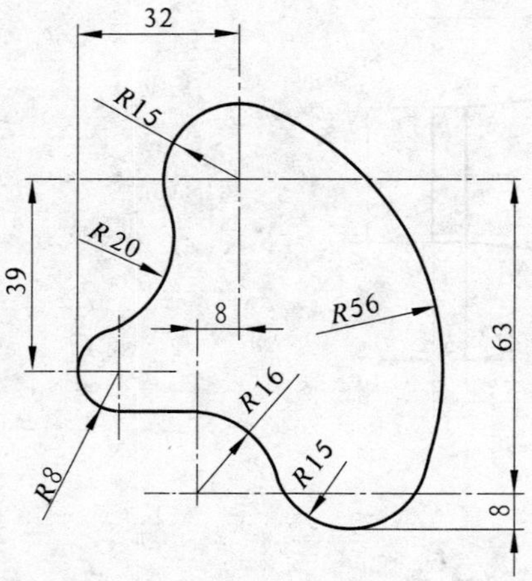

2.按尺寸绘制圆弧连接。

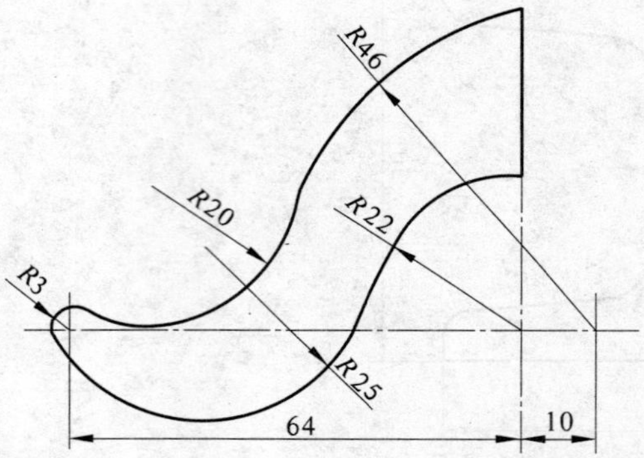

班级　　　　　　　　姓名　　　　　　　　学号

1.7　椭圆的画法

已知椭圆的长轴为8 mm, 短轴为50 mm, 用四心法绘制椭圆。

1.8　按尺寸1:1抄画平面图形

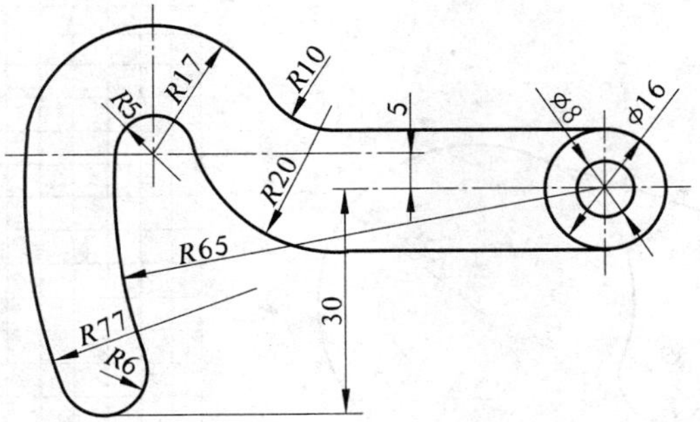

班级　　姓名　　学号

1.9 徒手画出下列图形(每小方格为5 mm)

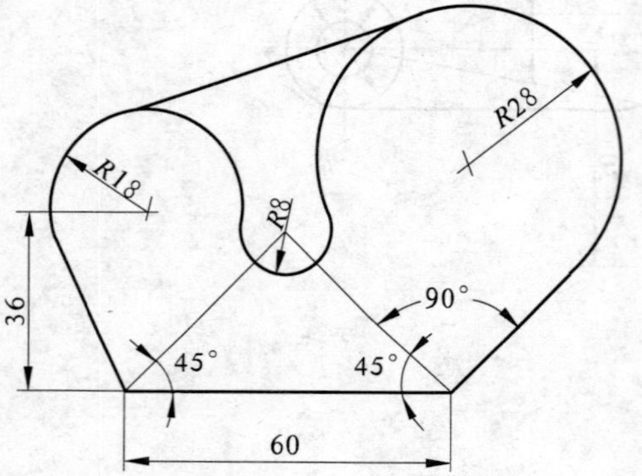

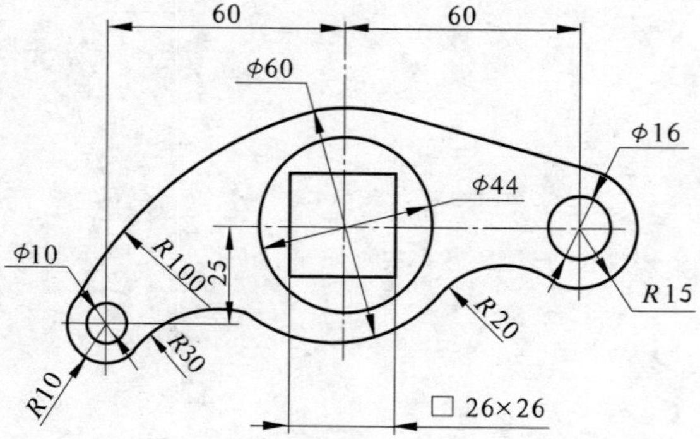

班级 姓名 学号

No2　作业指导书

一、作业目的

1.熟悉平面图形的绘制过程及尺寸标注方法。

2.掌握线段联结技巧。

二、内容与要求

1.按教师指定的题号绘制平面图形，并标注尺寸。

2.用A4图纸，自定绘图比例及图纸横放或竖放。

三、绘图步骤

1.分析图形中的尺寸与线段，从而确定作图步骤。

2.画底稿：

(1) 画图框及标题栏；

(2) 画出作图的基准线；

(3) 按已知线段、中间线段、联结线段的顺序画出图形；

(4) 画出尺寸界线、尺寸线。

3.检查底稿。

4.铅笔加深图形。

5.注写尺寸数字，填写标题栏。

6.校对及修饰图形。

四、注意事项

1.在布置图形时，应留出标注尺寸的位置，力求图形布置匀称。

2.画底稿时，作图线应轻、细而准确，联结弧的圆心及切点应作图准确。

3.加深时应使同类图线同时进行，以求其粗细一致，线段联结光滑。并按“先粗后细，先曲后直，先水平后垂直、倾斜”的顺序绘制。

4.箭头应符合规定，并且大小一致。

5.不要漏注尺寸或漏画箭头。

6.用标准字体填写尺寸数字及标题栏。

7.保持图面清洁。

五、图例(见附图)

1.

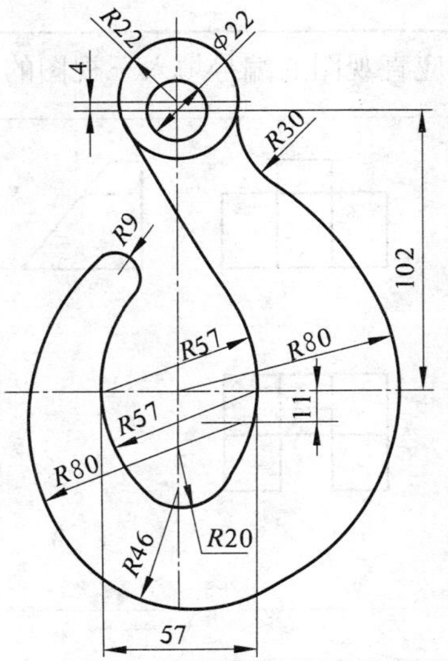

2.

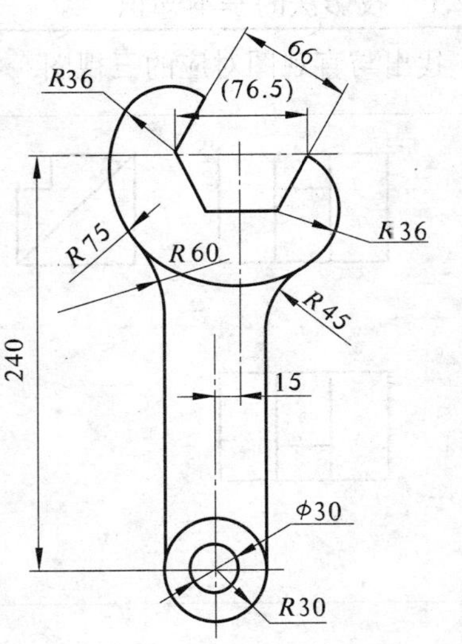

3.

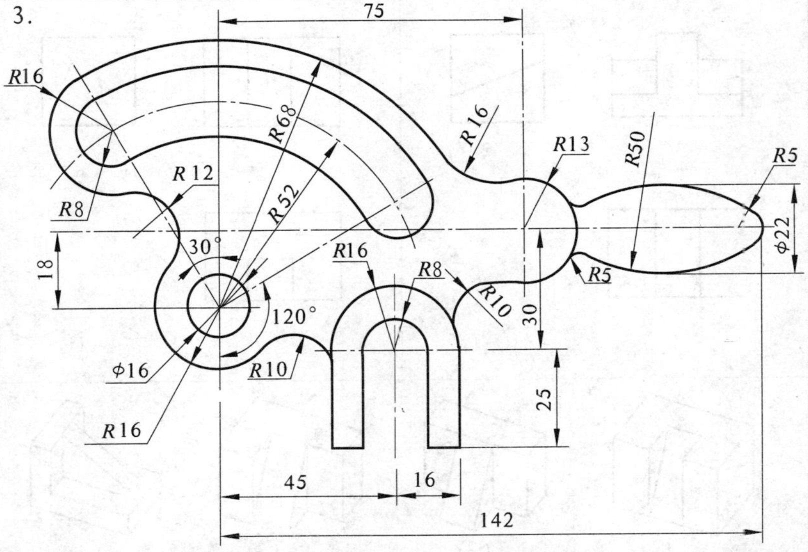

班级　　　　姓名　　　　学号

第2章　正投影法

2.1　投影法的基本知识

找出与直观图对应的三视图，将相应直观图的编号填入三视图的括号内。

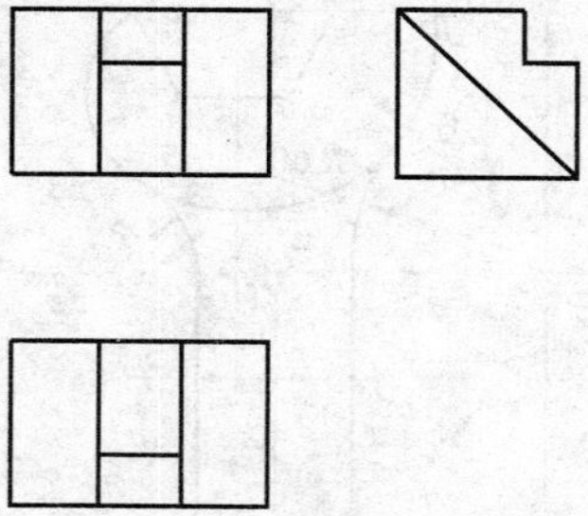

(　)

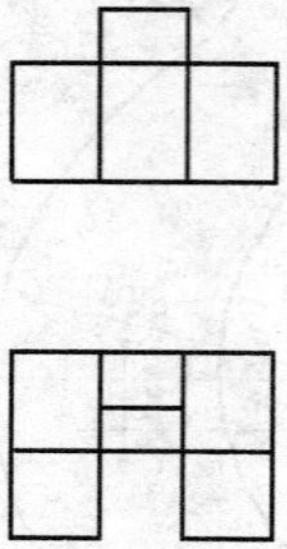

(　)

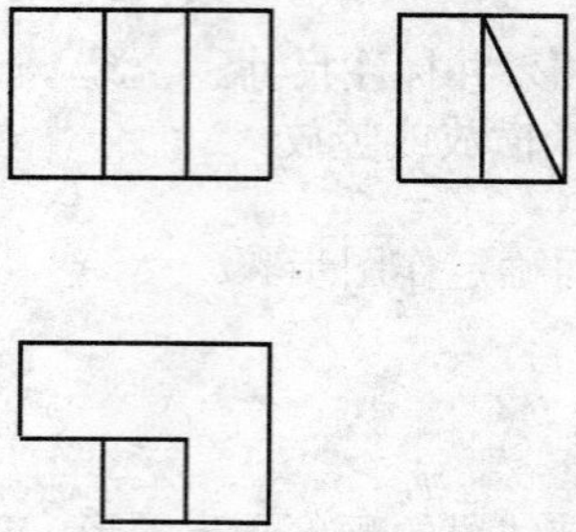

(　)

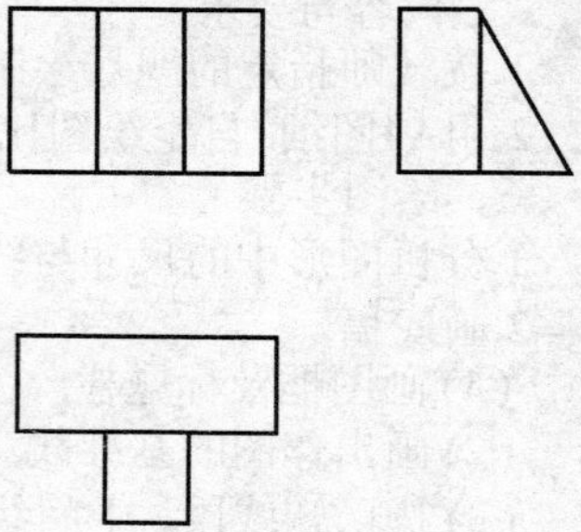

(　)

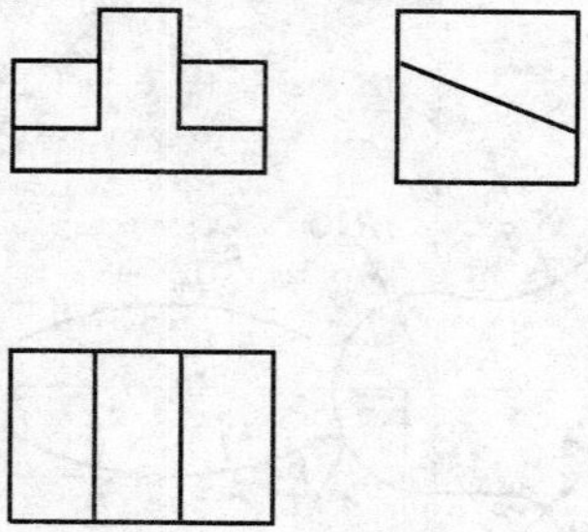

(　)

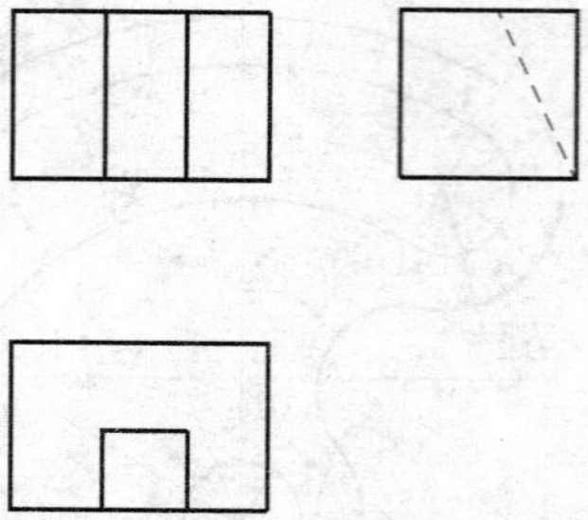

(　)

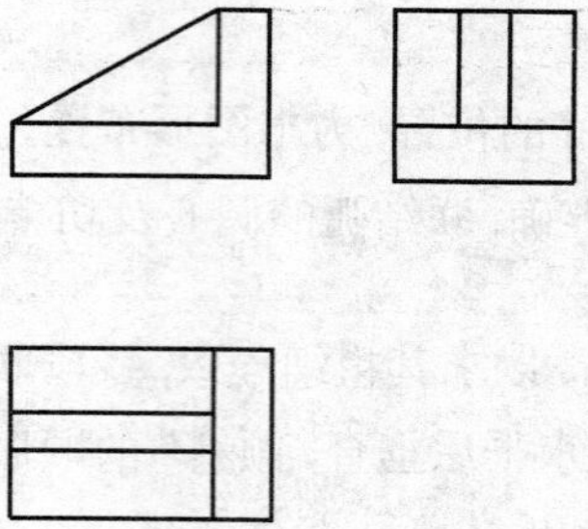

(　)

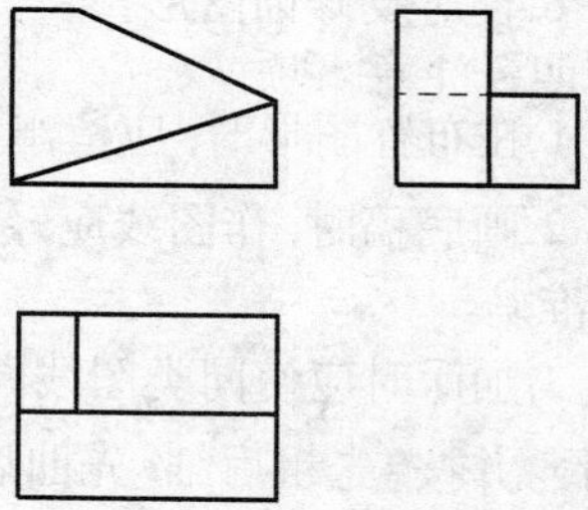

(　)

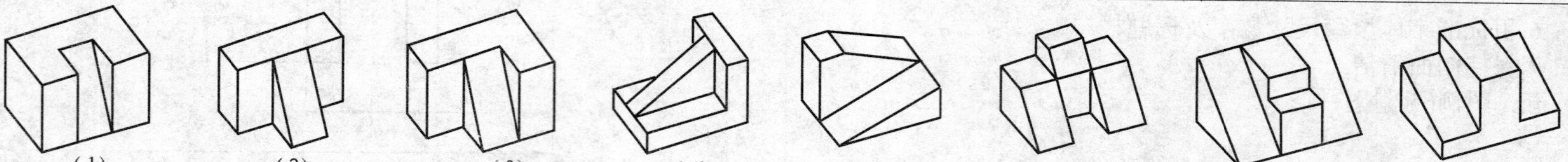

(1)　(2)　(3)　(4)　(5)　(6)　(7)　(8)

班级　　　　姓名　　　　学号

1.根据立体图中各点空间位置，画出它们的投影图，并量出各点到投影面的距离，填入下表。

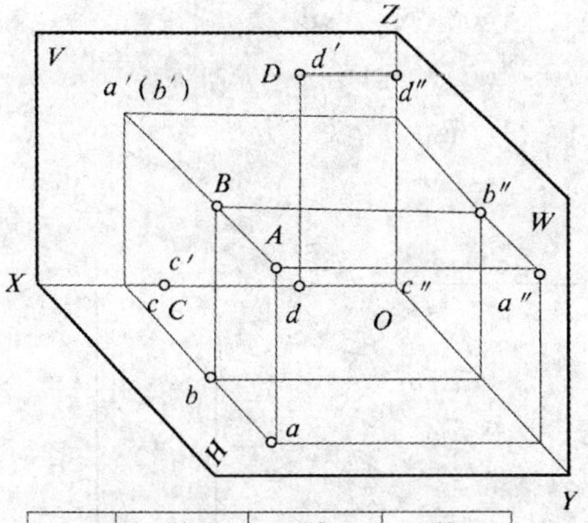

	到H	到V	到W
A			
B			
C			
D			

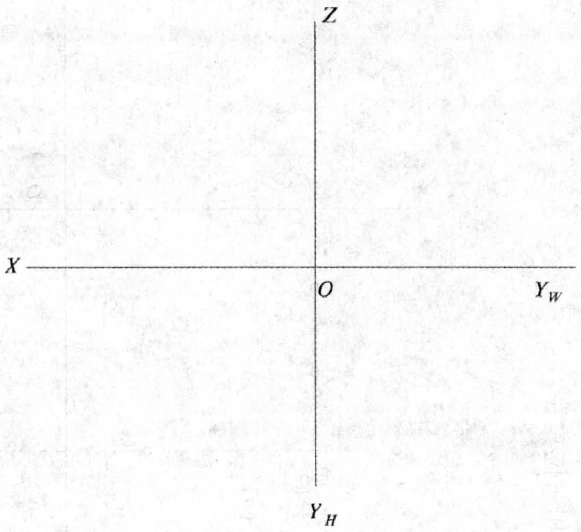

2.已知点A距V面20 mm，距H面30 mm；点B在V面内，距H面20 mm；点C距V面35 mm，距H面25 mm；点D在H面内，距V面30 mm。画出它们的投影图。

班级 姓名 学号

3.作各点的三面投影: $A(20, 12, 25)$，$B(25, 20, 10)$，点 C 在 A 点之上 15 mm, A 之左10 mm, A 之后5 mm。

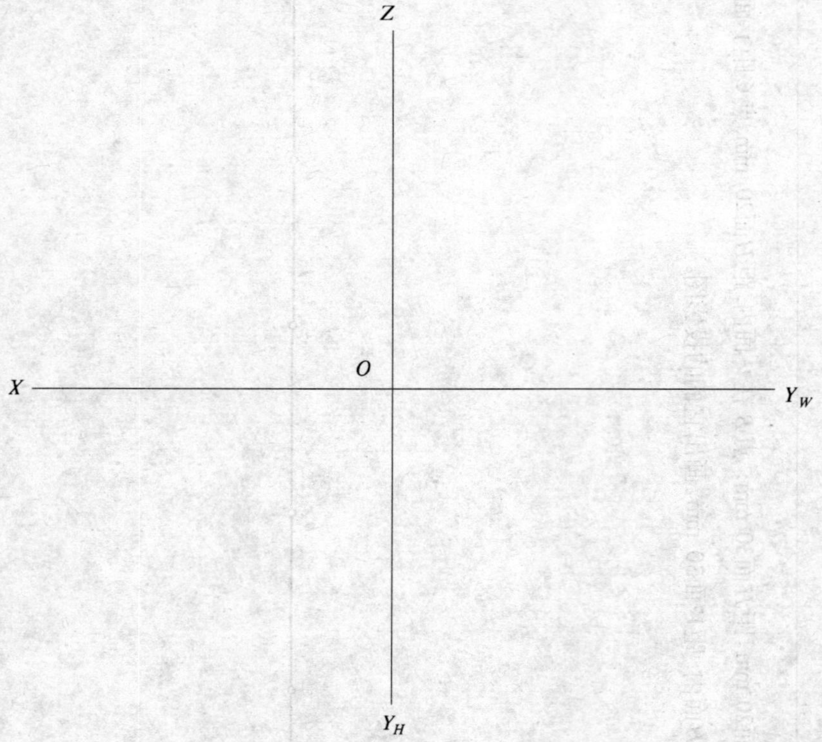

4.已知点的两投影，求作它们的第三投影，并比较 A 与 B、C 与 D 的相对位置。

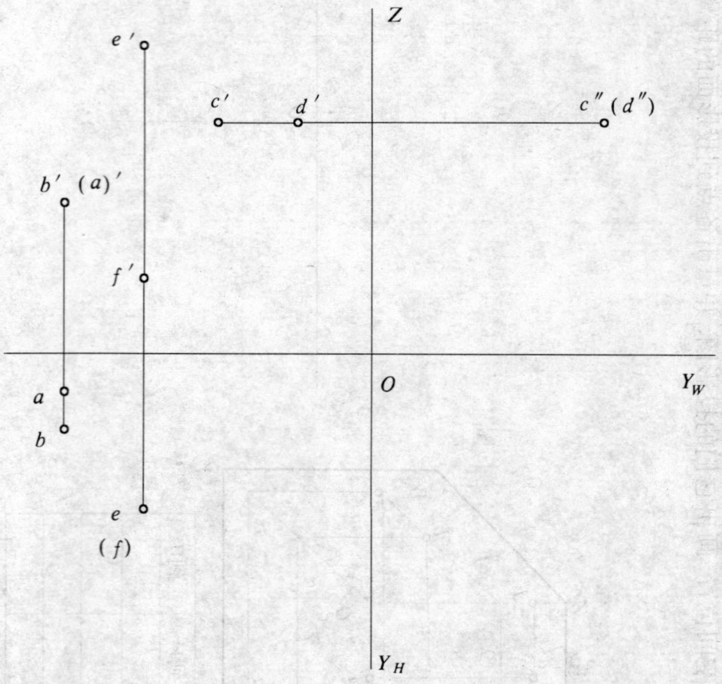

A 在 B 的____________

C 在 D 的____________

E 在 F 的____________

班级　　　　姓名　　　　学号

1.补画下列各直线的第三投影，并说明它们各是什么位置直线。

(1)

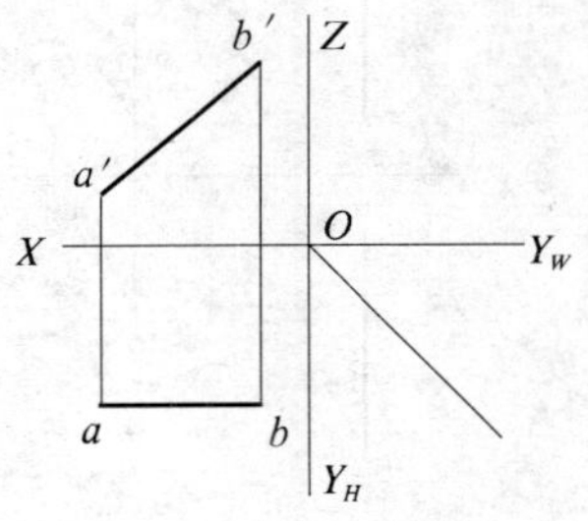

AB是________

(2)

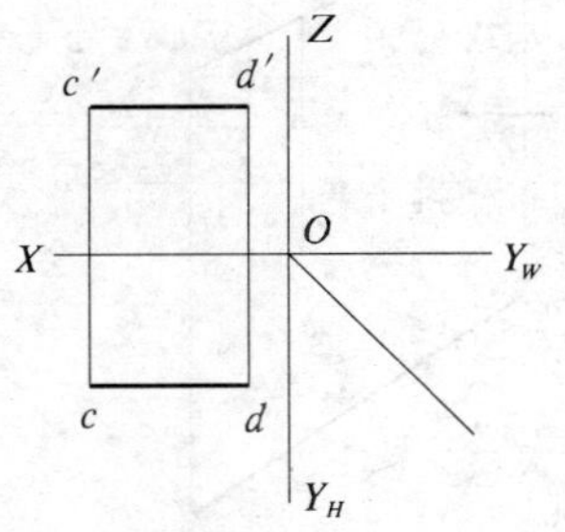

CD是________

(3)

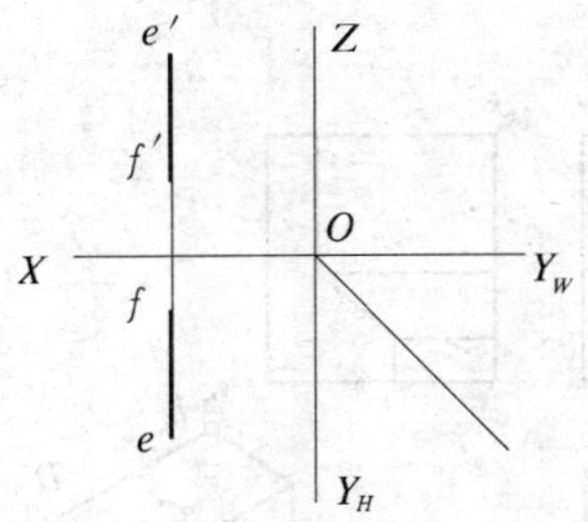

EF是________

(4)

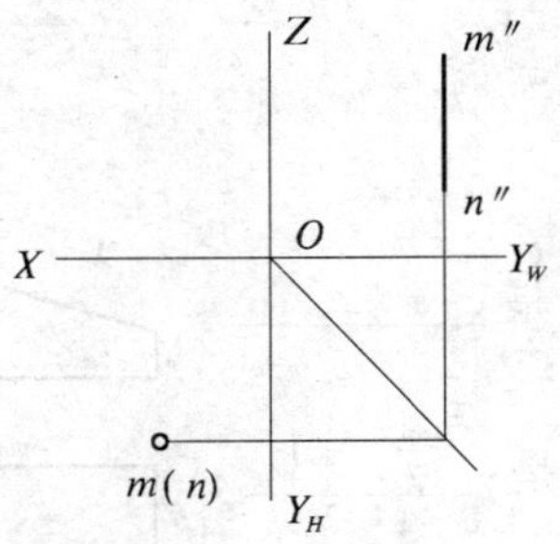

MN是________

2.求正垂线的三面投影，已知 AB 长20 mm，距 H 面为15 mm、W 面为20 mm，端点 A 距 V 面5 mm。

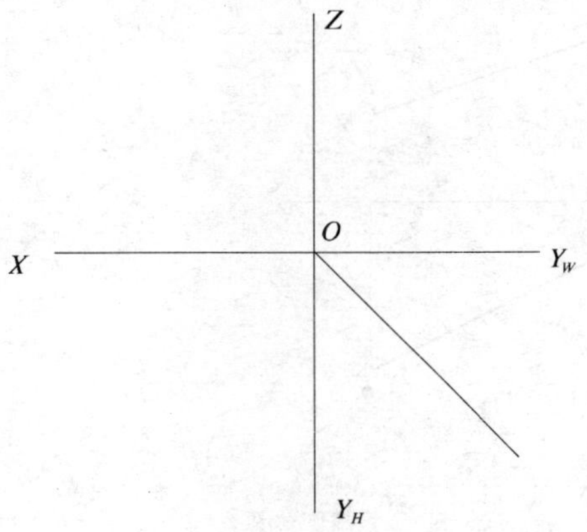

3.画水平线AB的三投影。AB距 H面20 mm，与 V 面的夹角为30°，实长为25 mm。

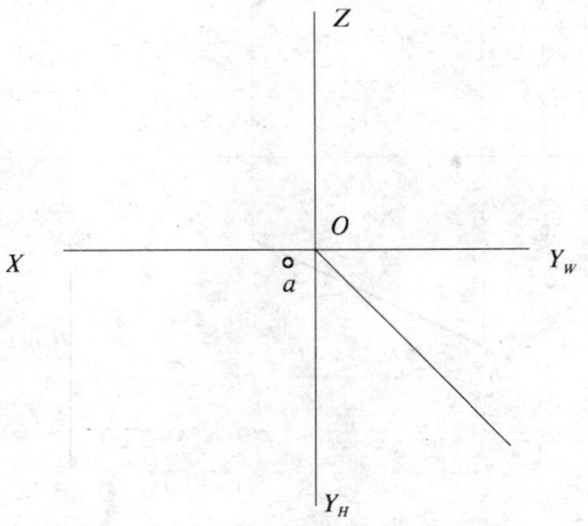

班级 姓名 学号

4.在 AB 直线上取点 C，使 $AC:CB=3:2$，求点 C 的两面投影。

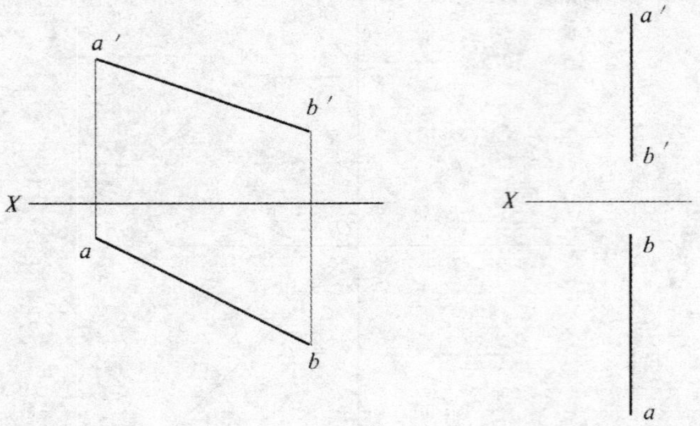

5.过点 C 作直线 CD 与直线 AB 相交，且交点 D 距 V 面20 mm。

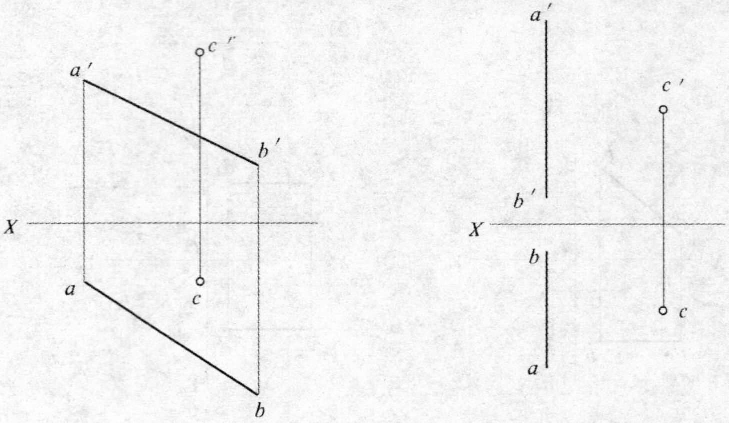

6.过 A 点作一直线使之与 BC、DE 两直线都相交。

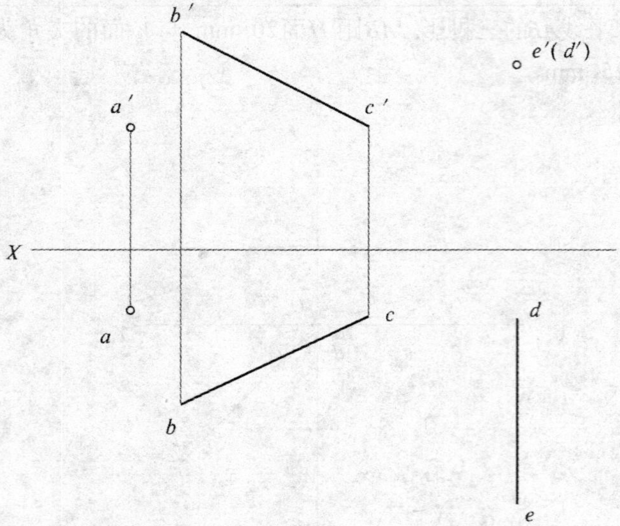

7.根据立体图，在三视图中标出 AB、BC、CD、DE 四线段的三面投影，并说明它们各是什么位置直线。

AB 是 ________

BC 是 ________

CD 是 ________

DE 是 ________

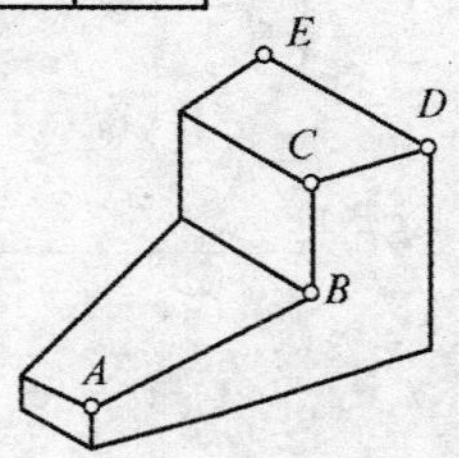

班级　　　　　　姓名　　　　　　学号

2.4 平面的投影

1.已知平面的两面投影，求第三面投影，并说明该平面是什么位置平面。

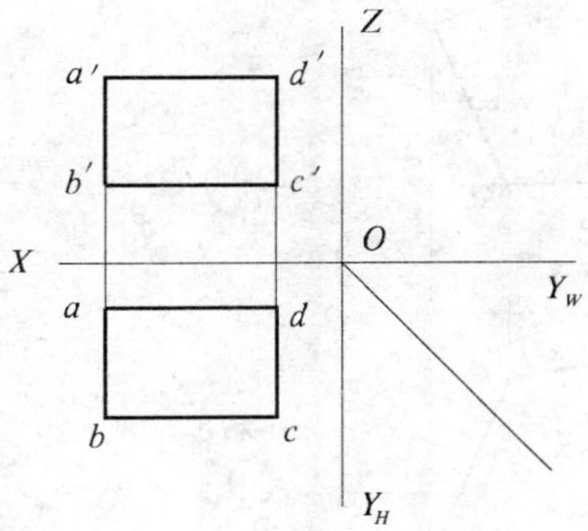

ABCD是_____面

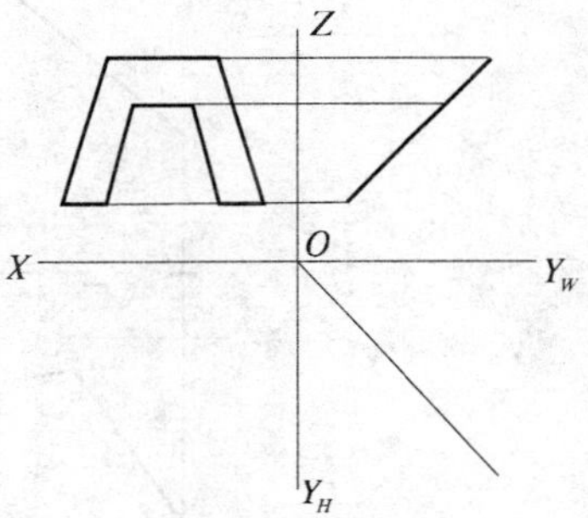

平面是_______面

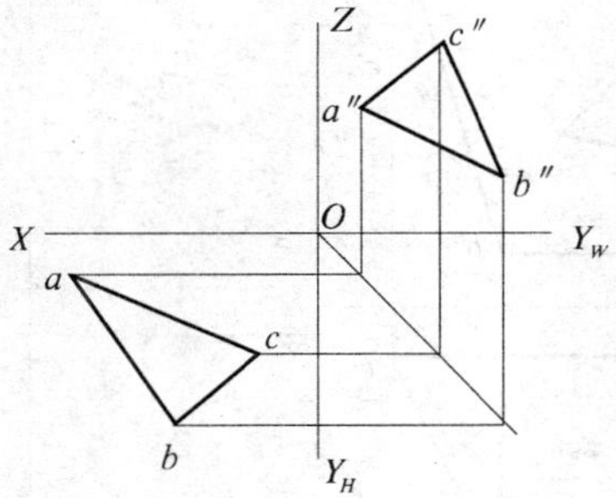

ABC面是____________面

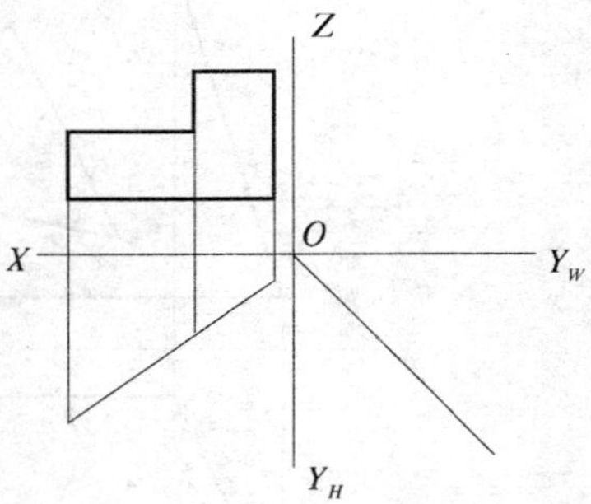

平面是____________面

2.已知点 *K*、*M* 为平面△*ABC* 内的点，完成平面及点的三面投影。

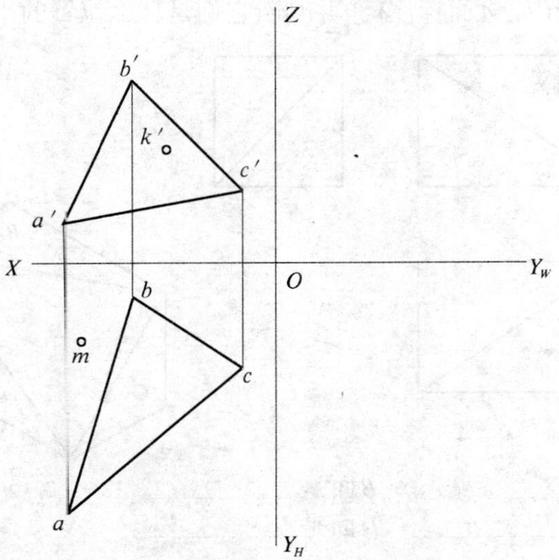

3.判断Ⅰ、Ⅱ、Ⅲ点是否属于△*ABC* 平面。

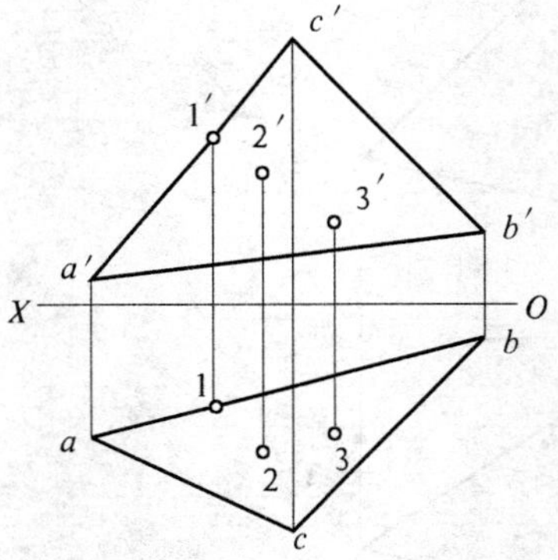

Ⅰ(属于、不属于)

Ⅱ(属于、不属于)

Ⅲ(属于、不属于)

班级　　　　　　姓名　　　　　　学号

4.已知△*EFG*在*ABCD*平面内，试求其水平投影。

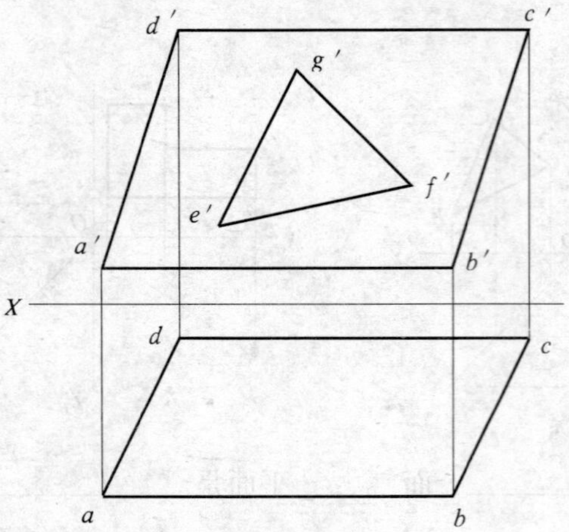

5.补全*ABCDE*平面的两投影。

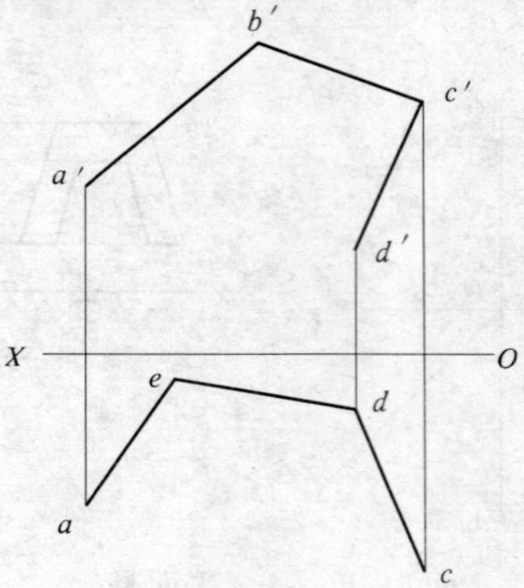

6.过*C* 点在平面△*ABC*上作水平线*CE*和正平线*CF*。

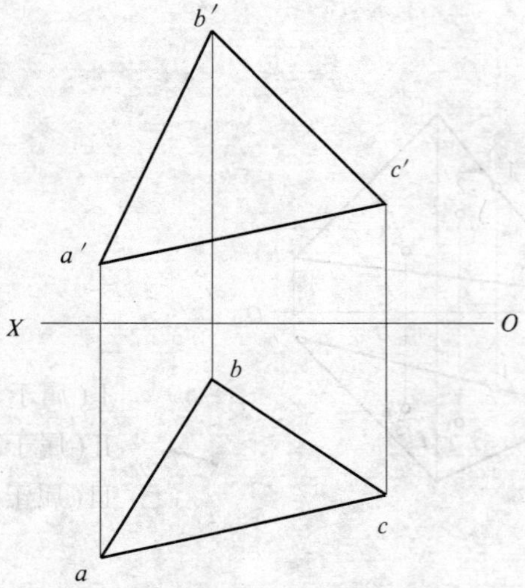

7.根据立体图上平面*A*、*B*、*C*、*D*的标注，在投影图上分别标注它们的三投影（如*A*面标注），并判断它们是什么位置的平面。

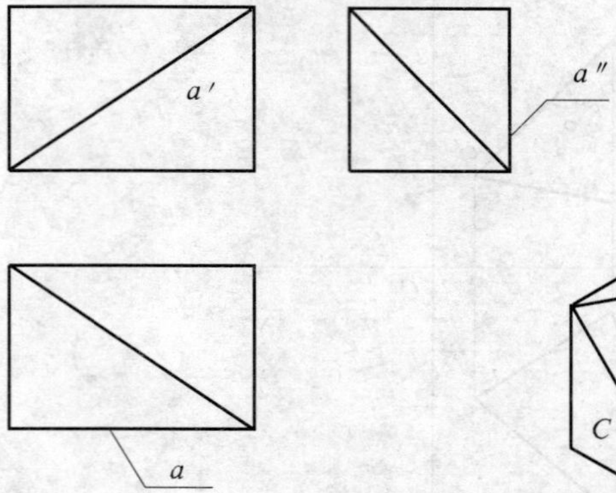

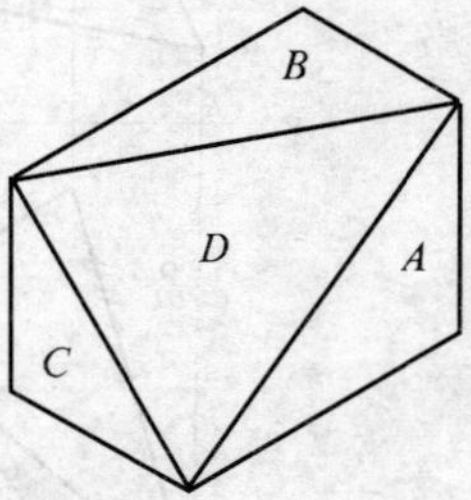

*A*面是＿＿＿＿＿＿ *B*面是＿＿＿＿＿＿

*C*面是＿＿＿＿＿＿ *D*面是＿＿＿＿＿＿

班级　　　　姓名　　　　学号

第3章　立体的投影

3.1　求作平面立体的第三视图，并补全立体表面上各点的其余二面投影

1.

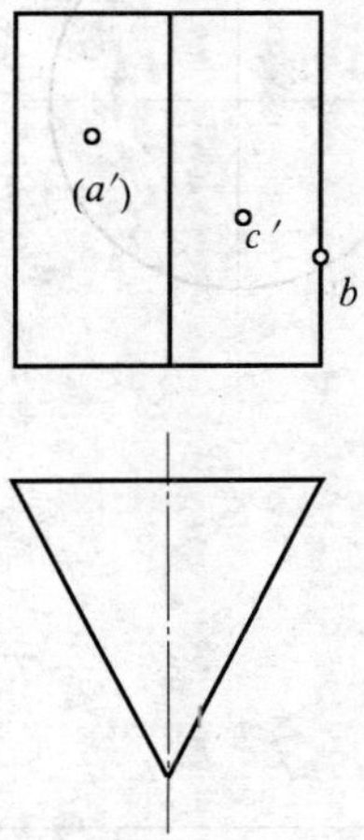

2.

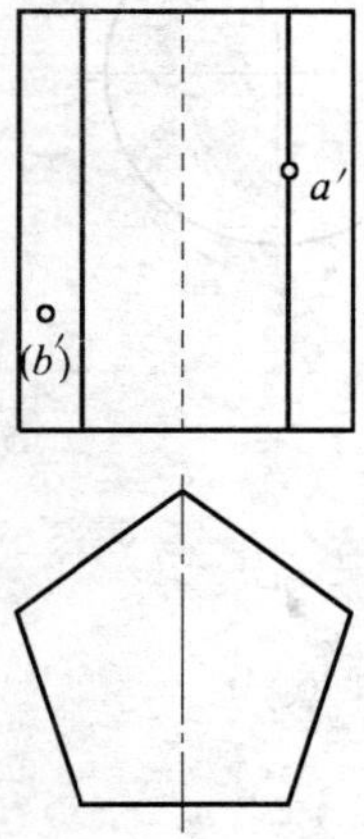

3.

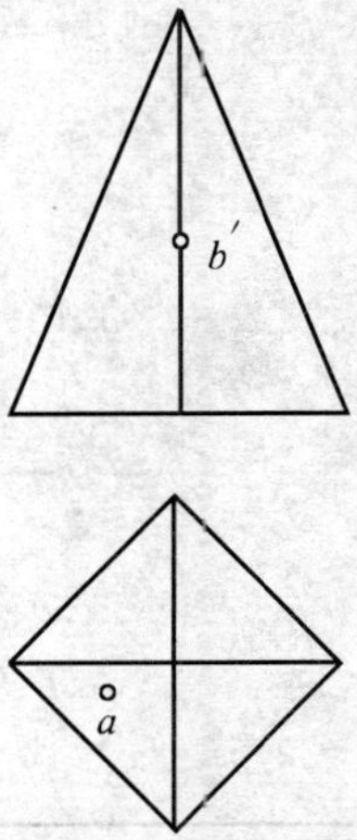

4.

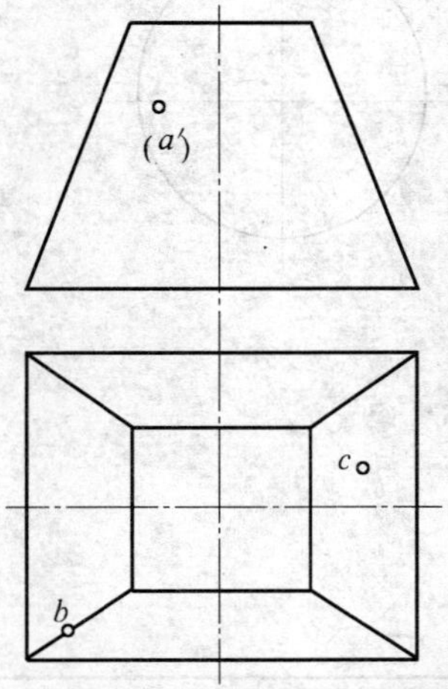

班级　　　　　　姓名　　　　　　学号

3.2 求作回转体的第三视图，并补全立体表面上各点的其余两面投影

1.

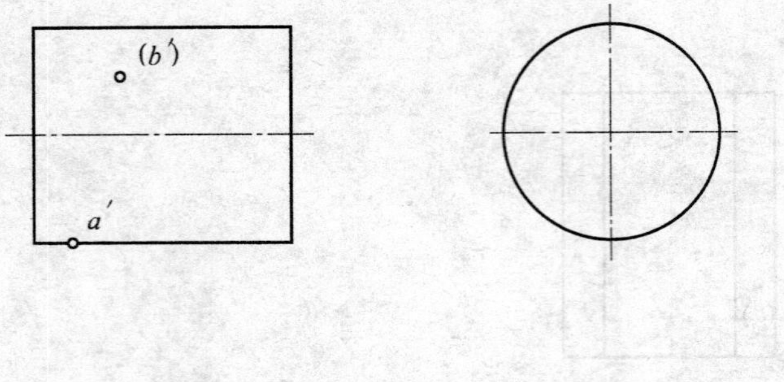

2.

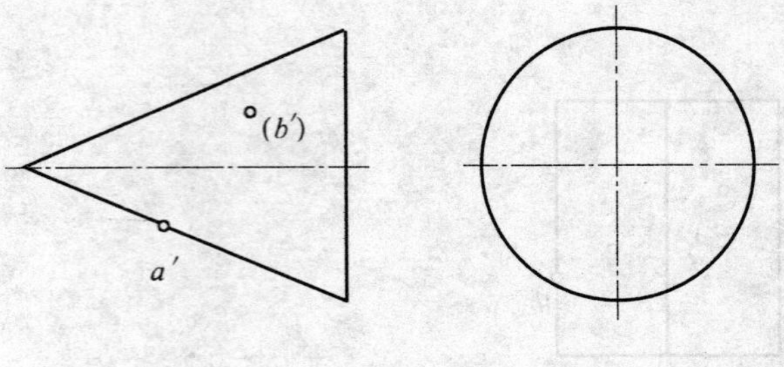

3.

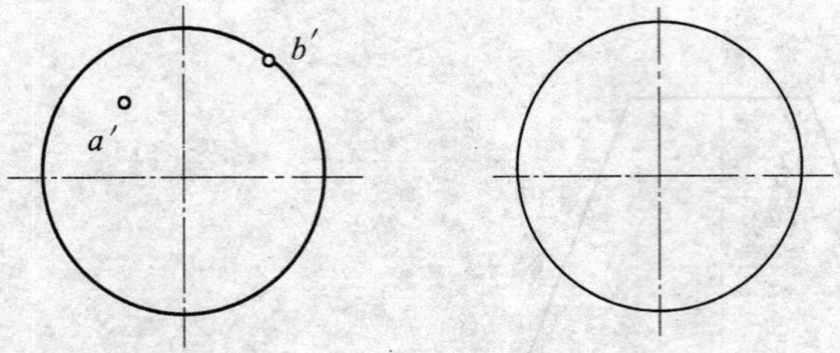

4.

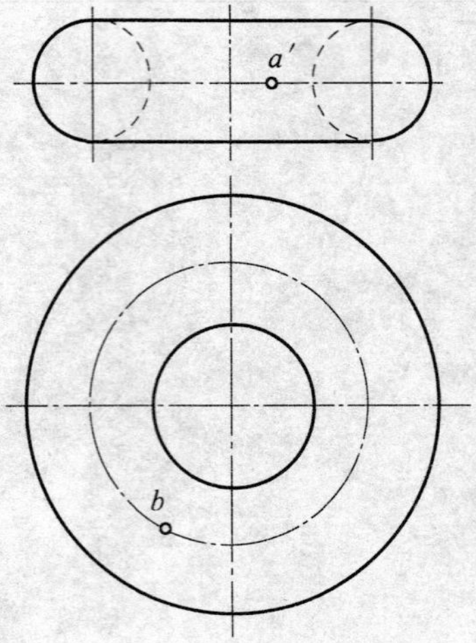

班级 姓名 学号

3.3　求作截交线，补全第三视图

1.

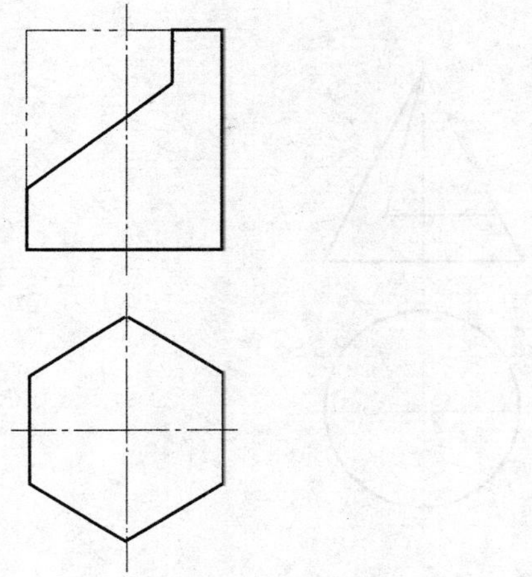

2.

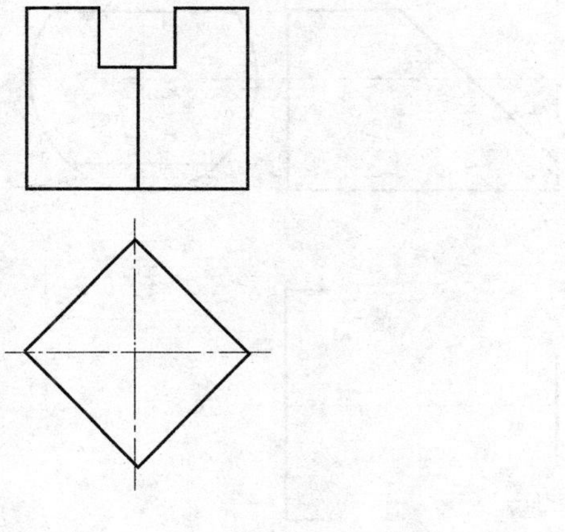

3.

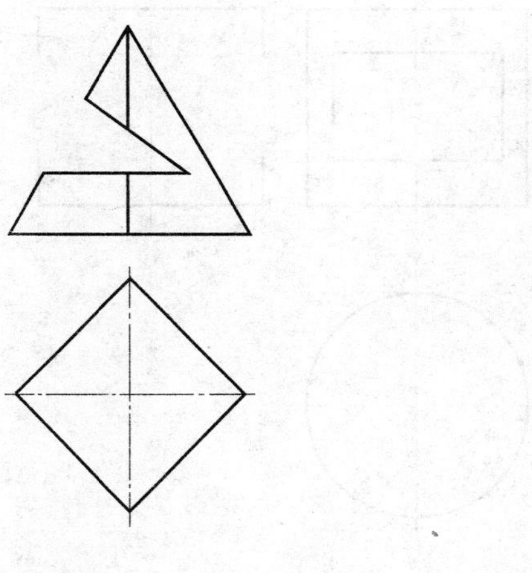

4.

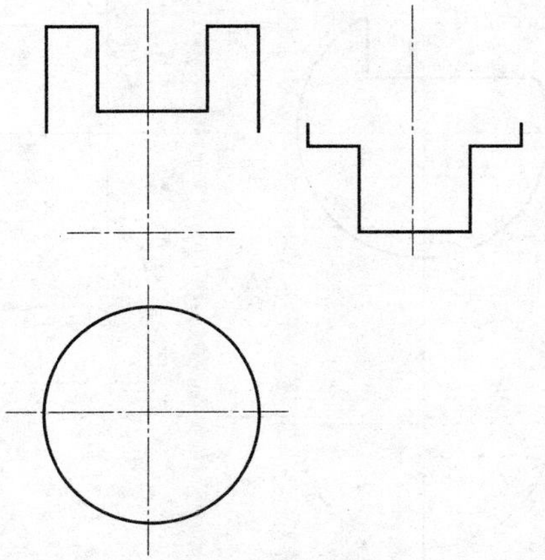

5.

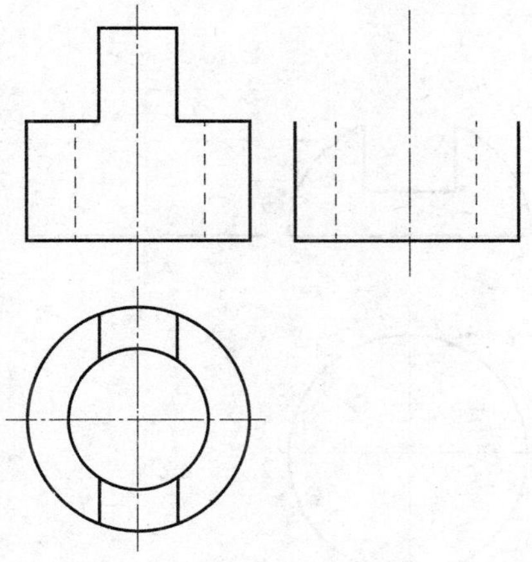

6.

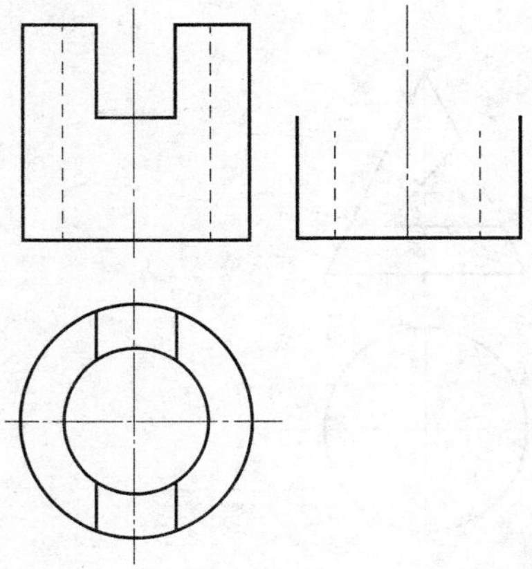

班级　　　　　　　　姓名　　　　　　　　学号

7.

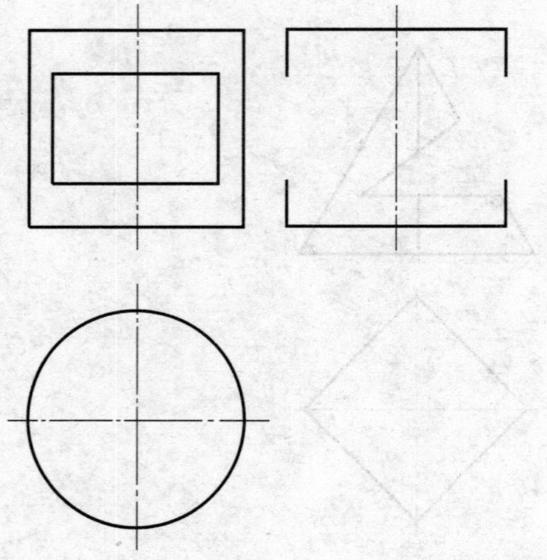

8.

9.

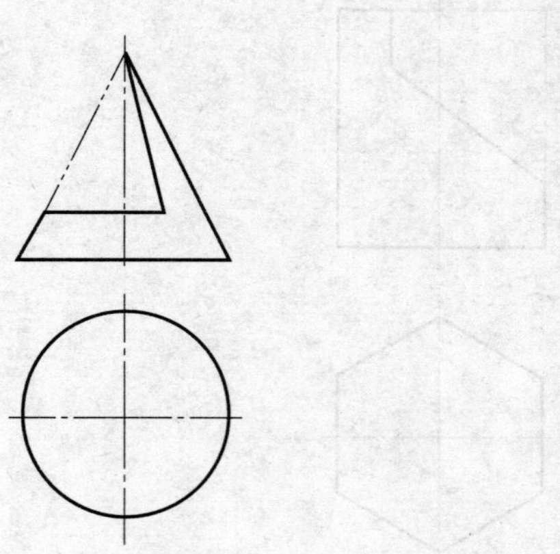

10.

11.

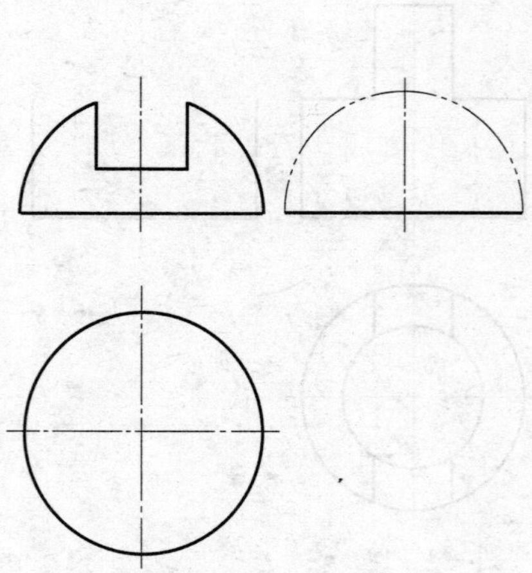

12.

班级　　　　　　姓名　　　　　　学号

3.4 求作组合回转体的截交线，并补全视图

1.

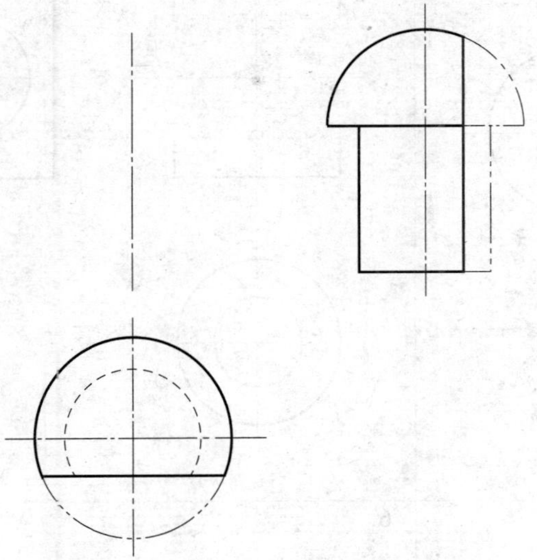

2.

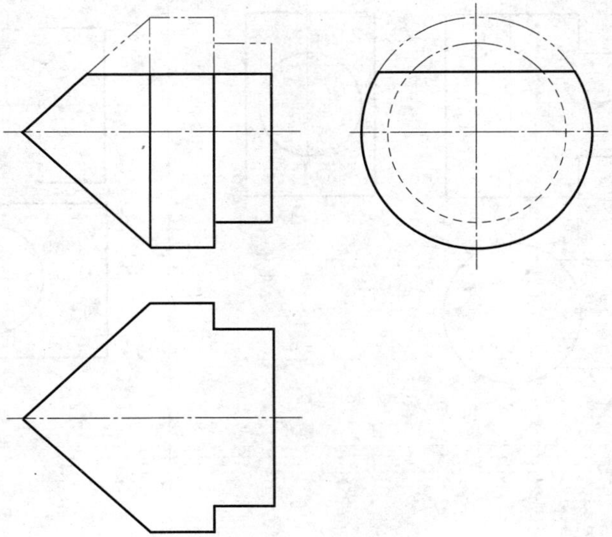

班级　　　　姓名　　　　学号

3.5 分析图形，求作相贯线

1.

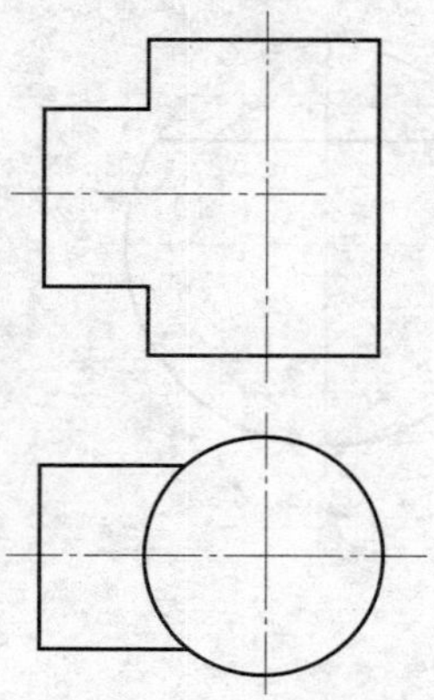

2.

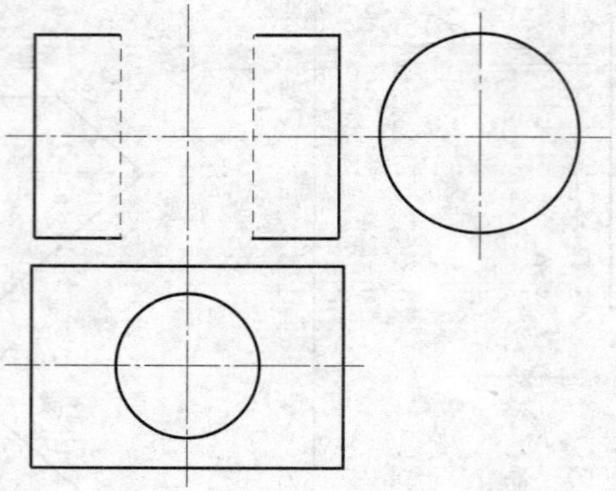

3.

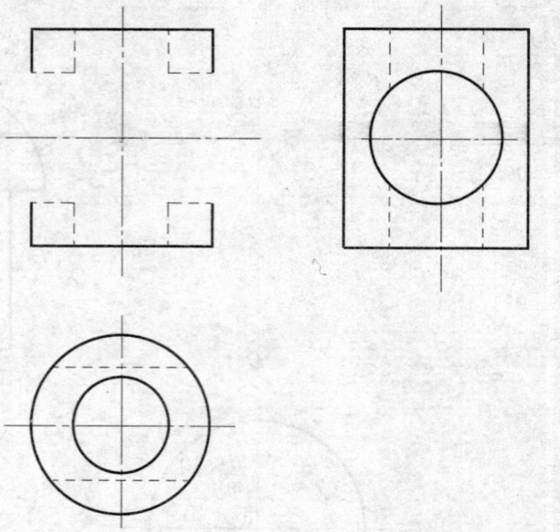

4.

5.

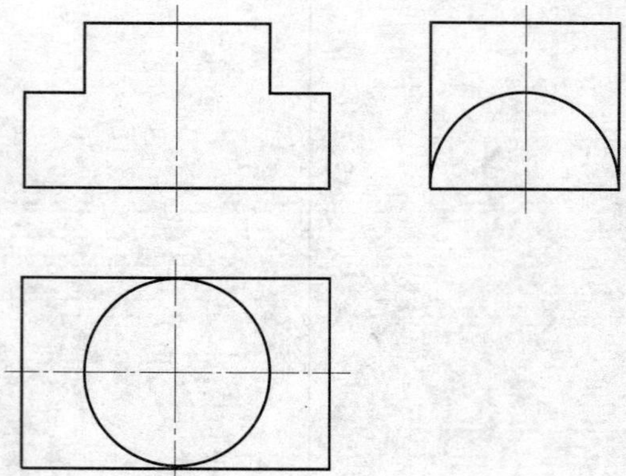

6.

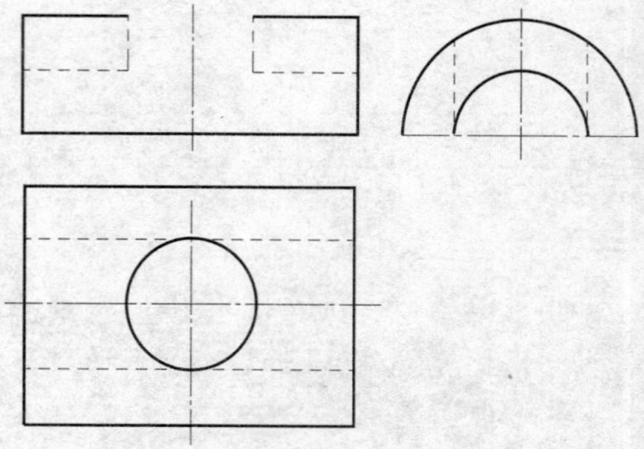

班级　　　　姓名　　　　学号

3.6 用辅助平面法求作相贯线

1.

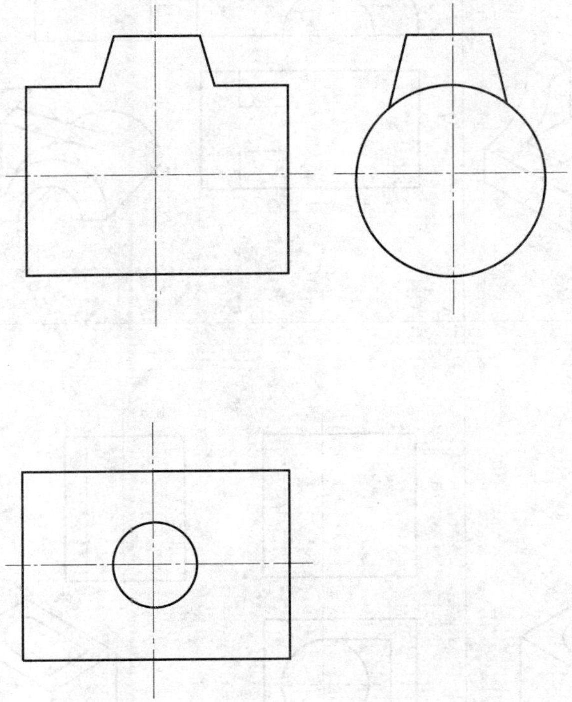

2.

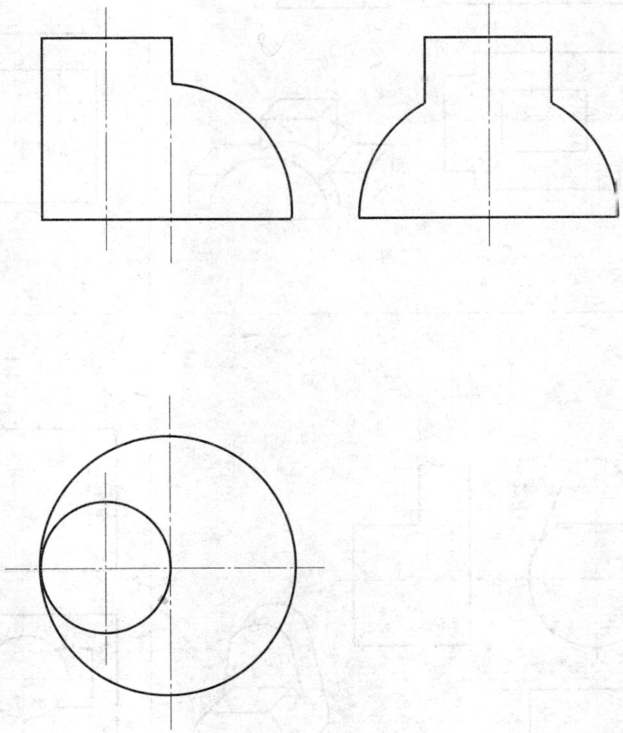

班级　　　　　　　　　　姓名　　　　　　　　　　学号

第4章　组合体

4.1　根据轴测图，补画视图中所缺的图线

1.

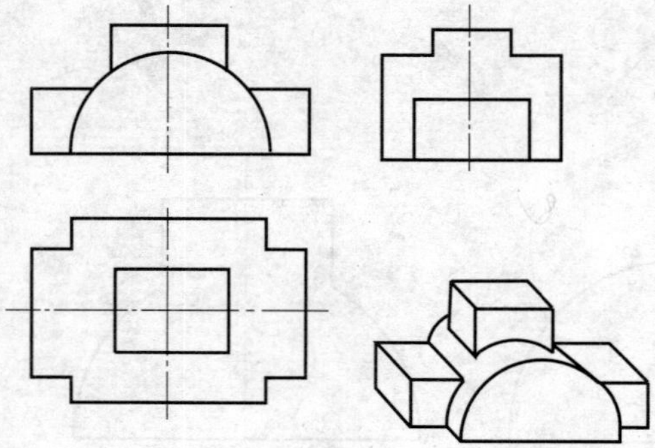

2.

3.

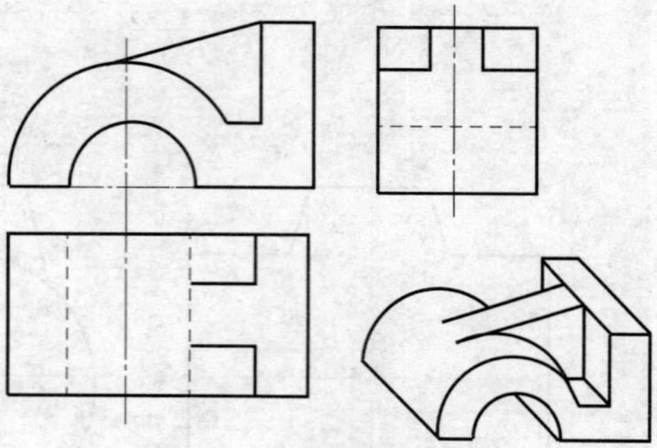

4.

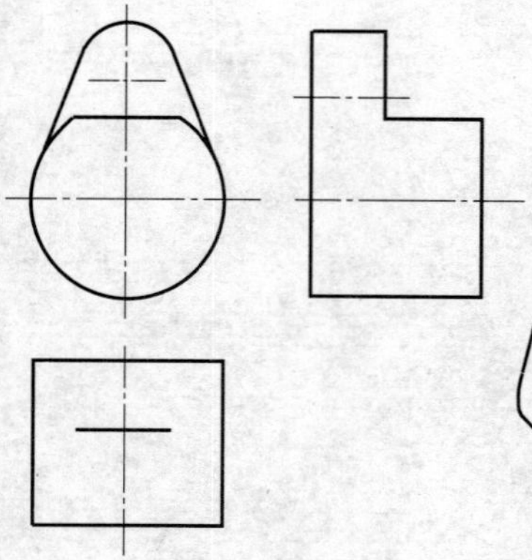

5.

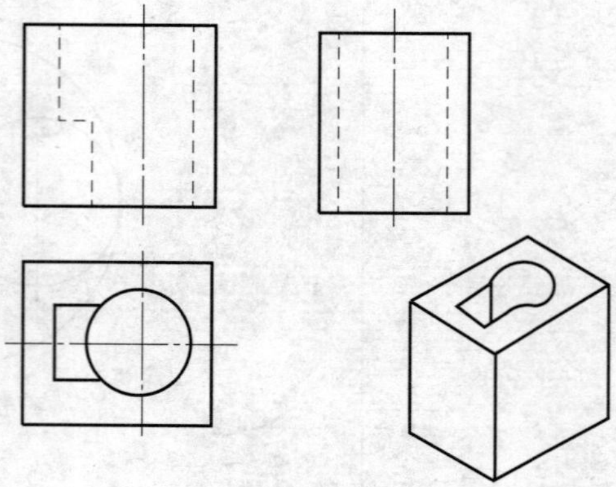

6.

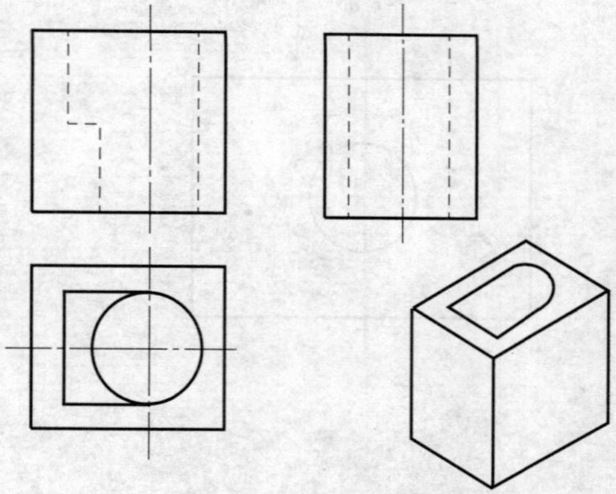

班级　　　　姓名　　　　学号

4.2 根据轴测图和已知的二视图，补画第三视图

1.

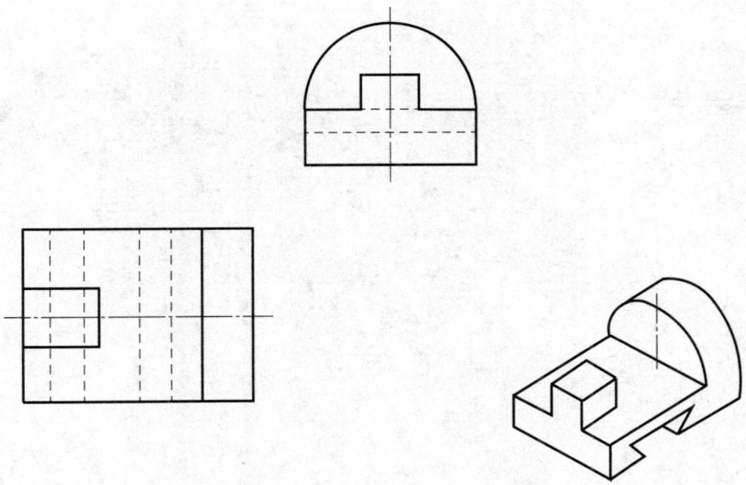

2.

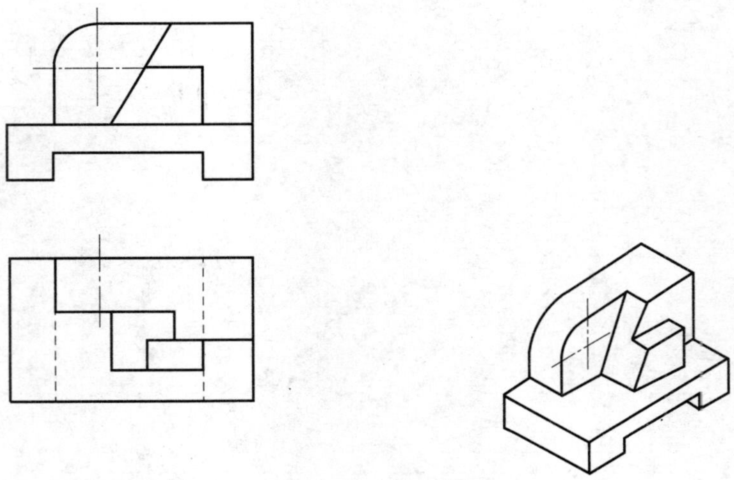

3.

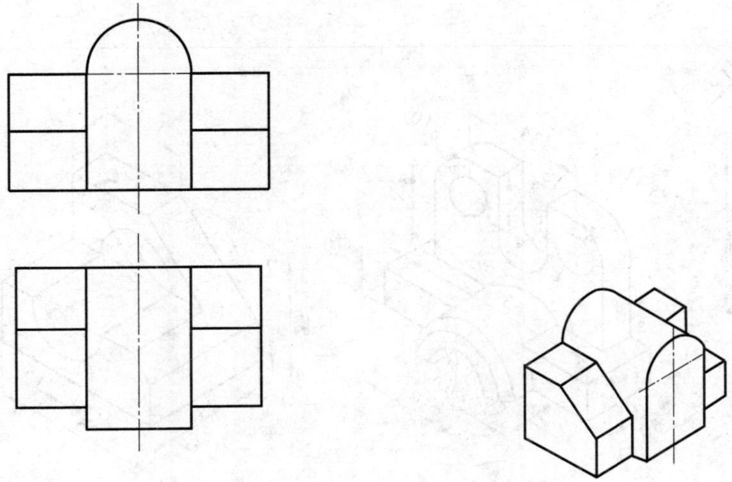

4.

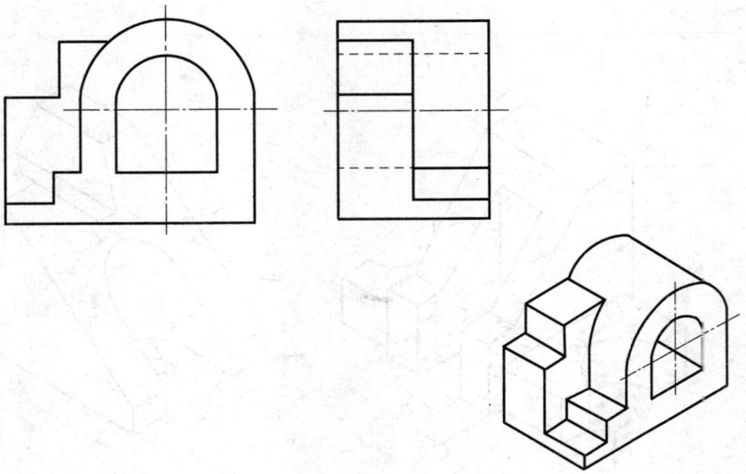

班级　　　　　　　　姓名　　　　　　　　学号

4.3 根据轴测图画三视图

1.

2.

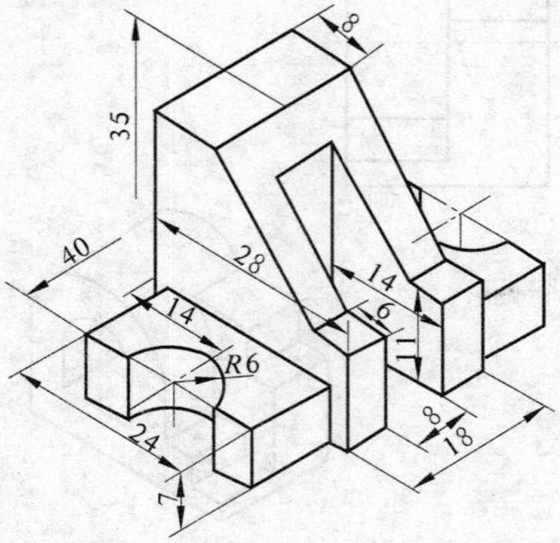

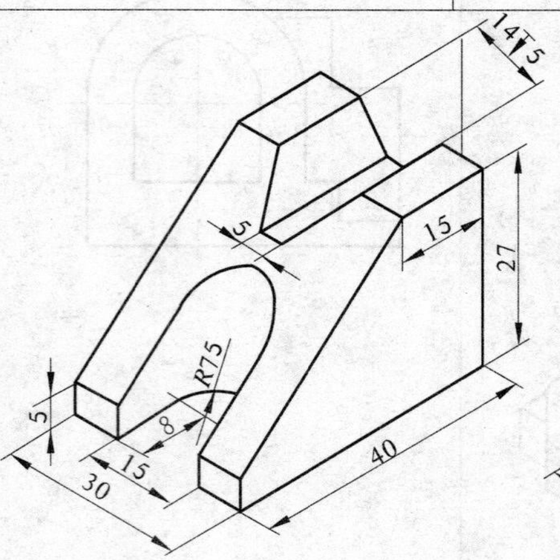

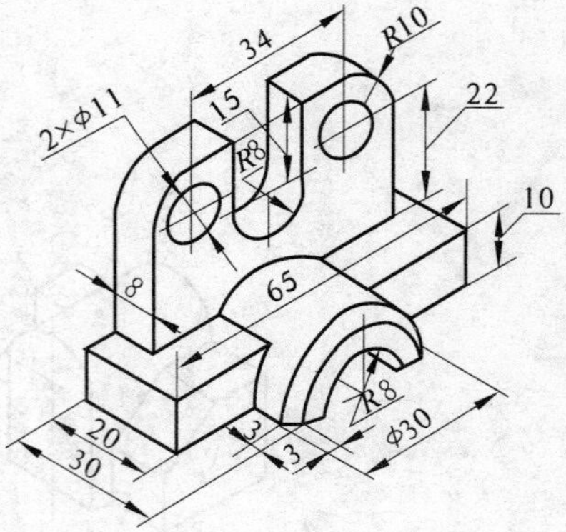

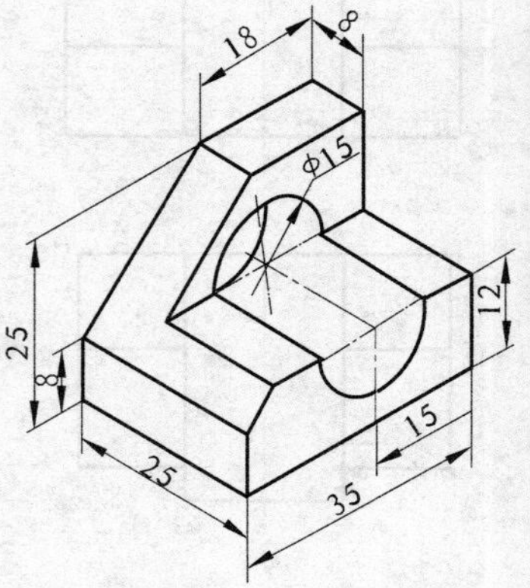

班级 姓名 学号

4.4 补全组合体尺寸

1.

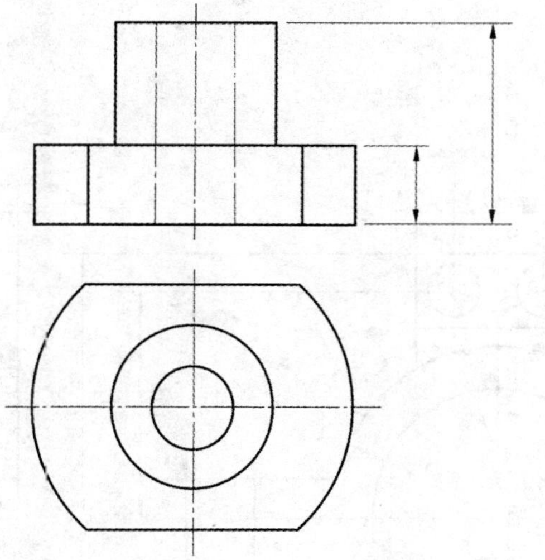

2.

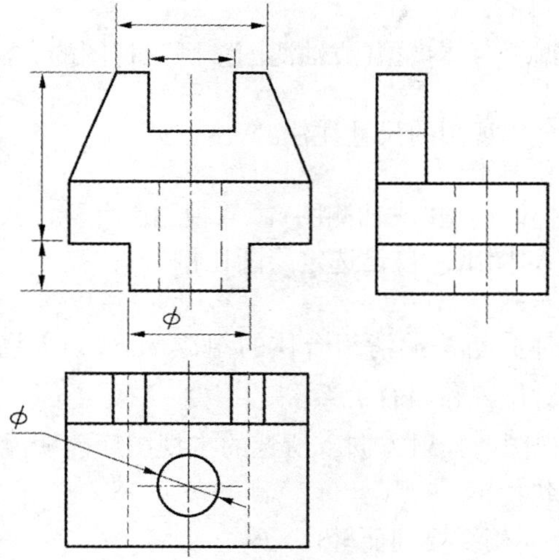

3.

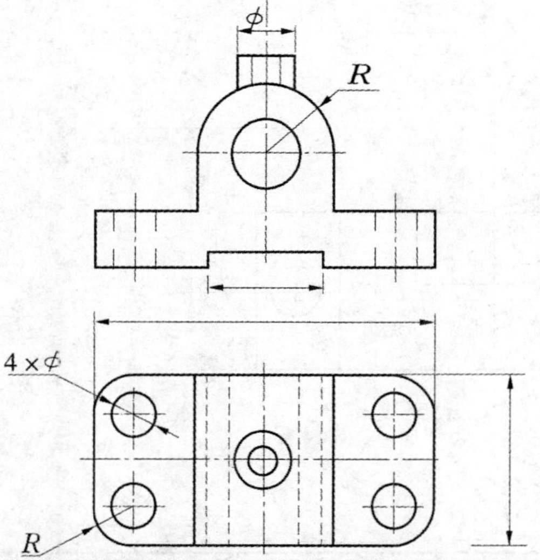

4.

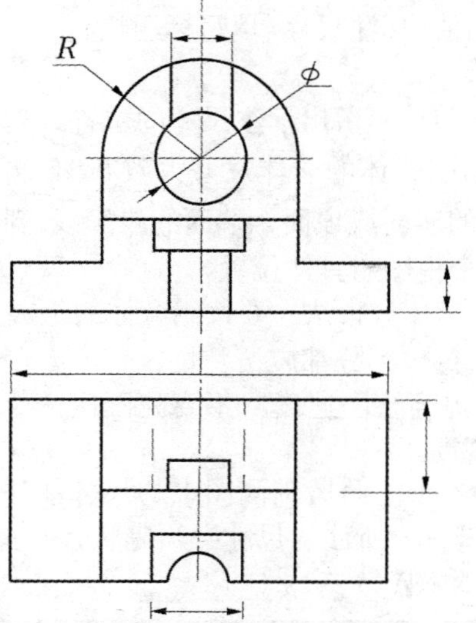

班级　　　　姓名　　　　学号

No3 作业指导书

一、作业目的

1.掌握根据组合体模型(或轴测图) 画三视图的方法，提高绘图技能。

2.熟悉组合体视图的尺寸注法。

二、内容和要求

1.根据组合体模型(或轴测图) 画三视图，并标注尺寸。

2.用A3或A4图纸，自己选定绘图比例。

三、作图步骤

1.运用形体分析法搞清组合体的组成部分，以及各组成部分之间的相对位置和组合关系。

2.选取主视图的投射方向。所选的主视图应能明显地表达组合体的形状特征。

3.画底稿(底稿线要细而轻)。

4.检查底稿，修正错误，擦掉多余图线。

5.依次描深图线，标注尺寸，填写标题栏。

四、注意事项

1.图形布置要匀称，留出标注尺寸的位置。先依据图纸幅面、绘图比例和组合体的总体尺寸大致布图，再画出作图基准线(如组合体的底面或顶面、端面的投影线，对称线和中心线等)，确定三个视图的具体位置。

2.正确地运用形体分析法。要按组合体的组成部分，一部分一部分地画。每一部分都应按其长、宽、高在三个视图上同步画底稿，以提高绘图速度。不要先画出一个完整的视图，再画另一个视图。

3.标注尺寸时，不能照搬轴测图上的尺寸注法，应按标注类尺寸的要求进行。所注的尺寸必须完整、布置合理。

五、图例(见附图)

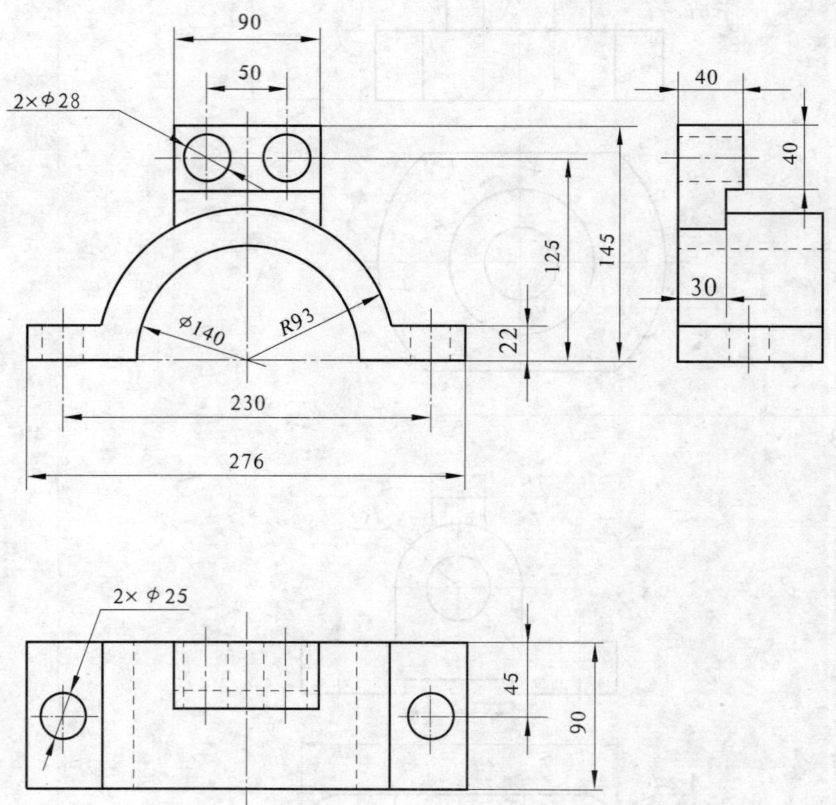

班级　　姓名　　学号

4.5（续）

1.

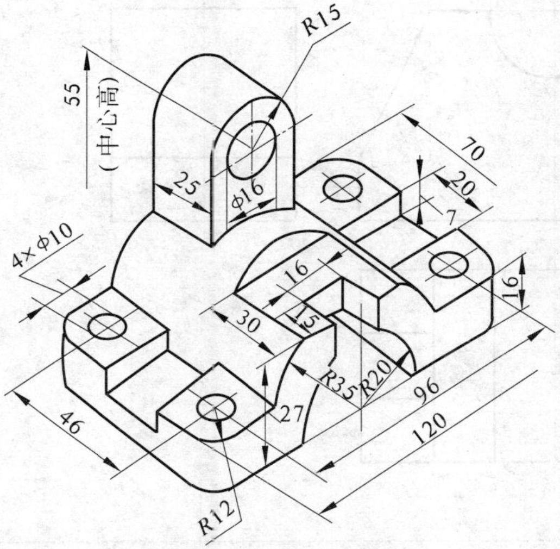

2.

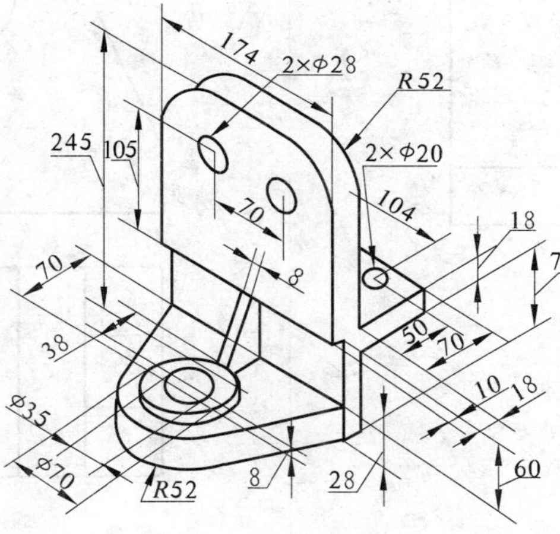

3.

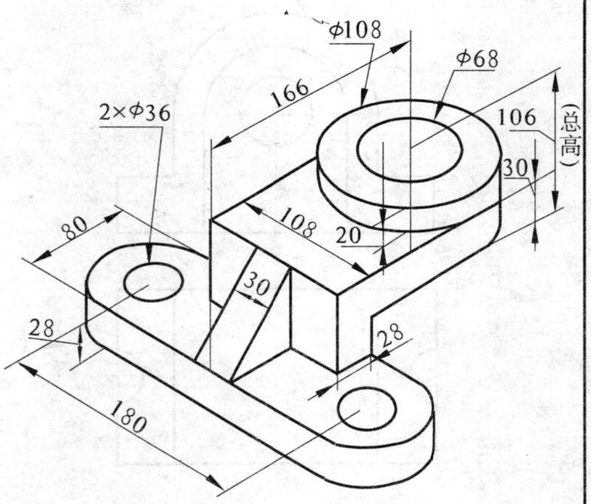

4.

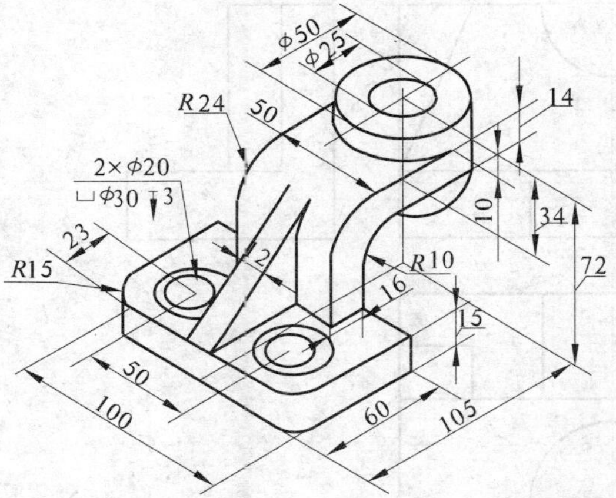

5.

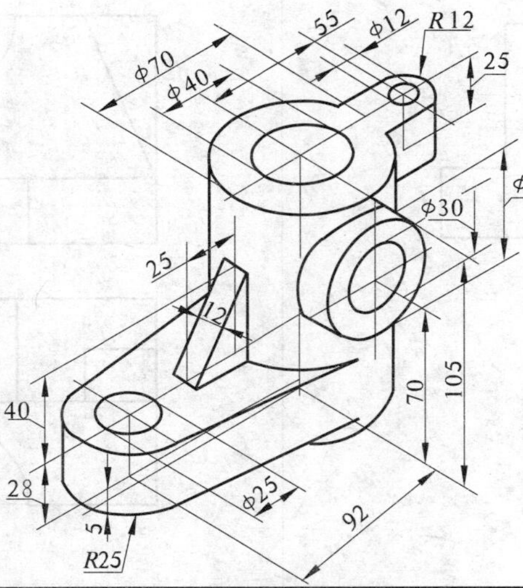

6.

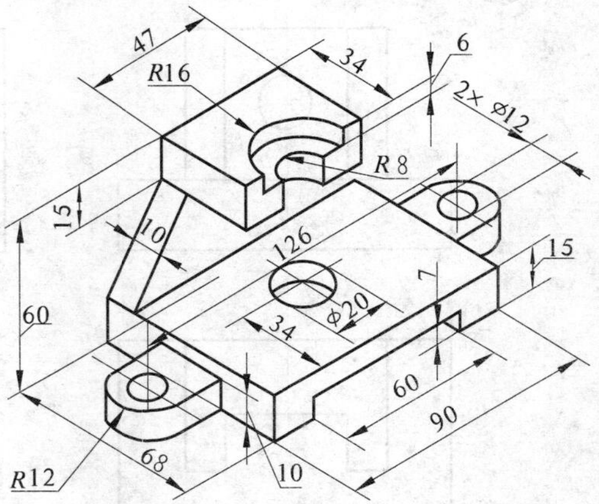

班级　　　　姓名　　　　学号

4.6　补画视图中所缺的图线

1.

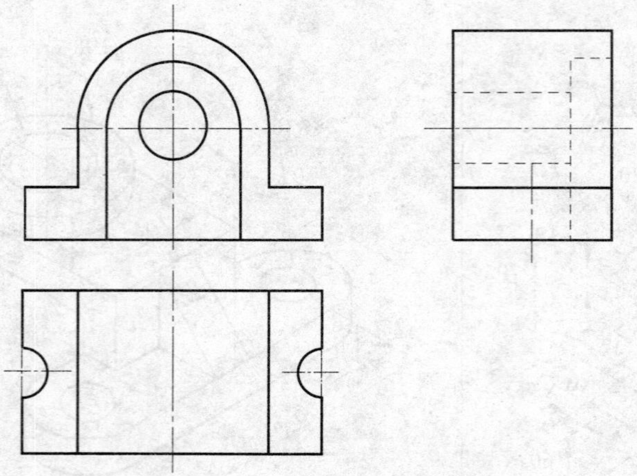

2.

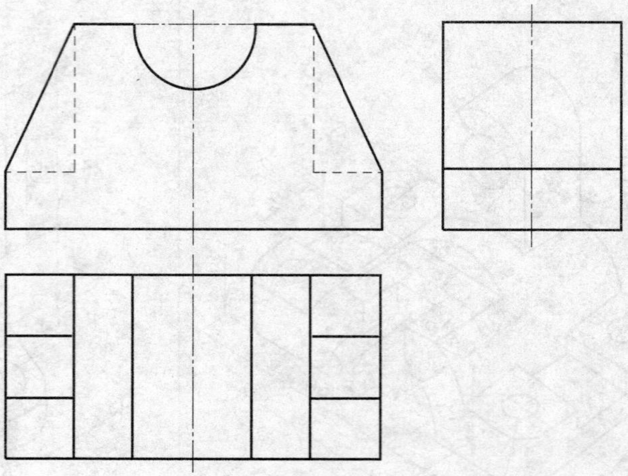

3.

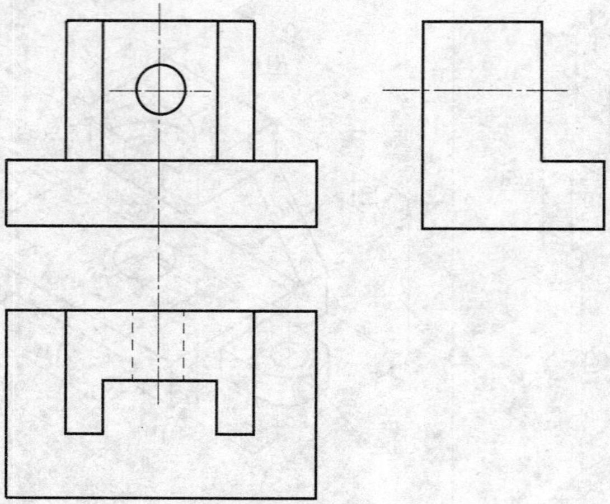

4.

班级　　　　　　　　姓名　　　　　　　　学号

4.7　分析形体特征，补画所缺的图线

1.

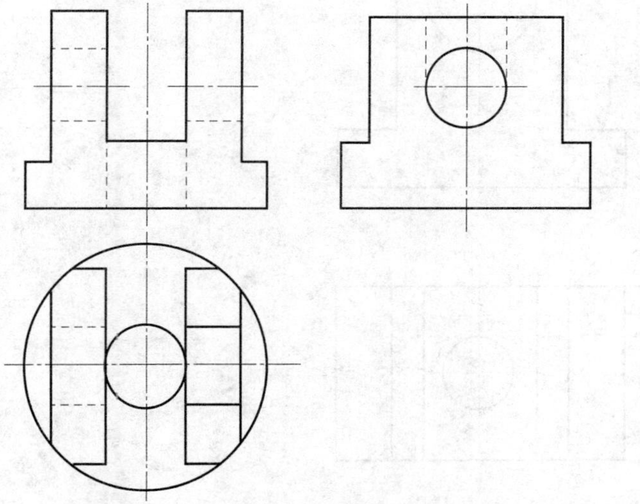

2.

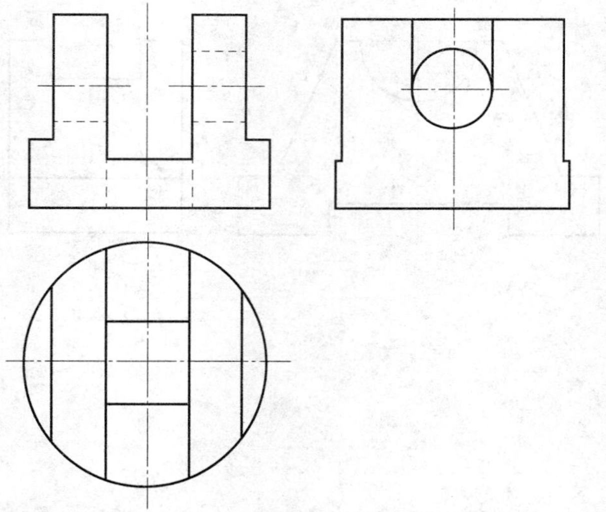

3.

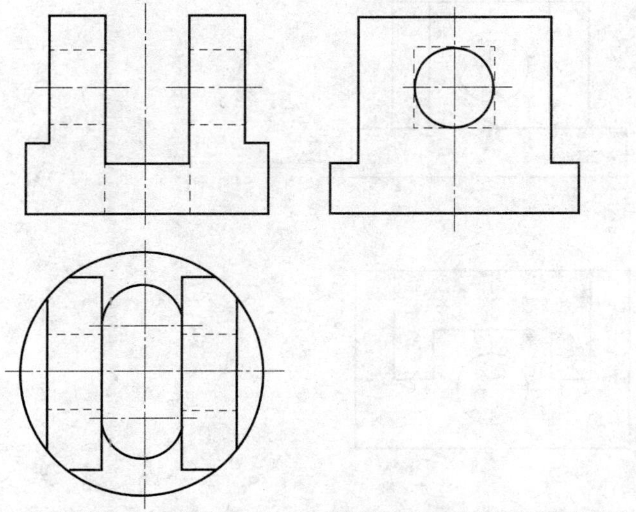

4.

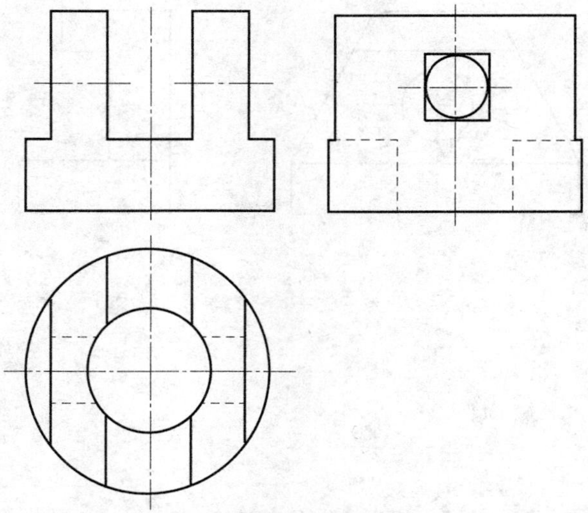

班级　　　　　　　　姓名　　　　　　　　学号

4.8　已知两视图补画第三视图

1.

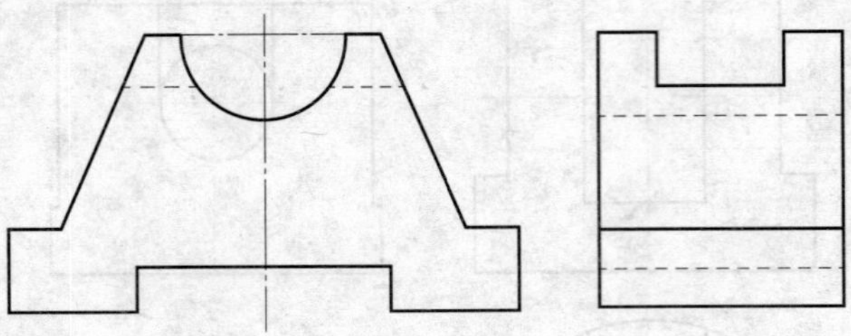

2.

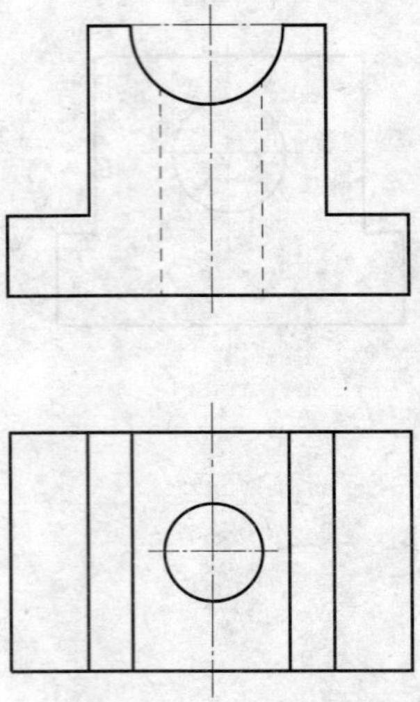

3.

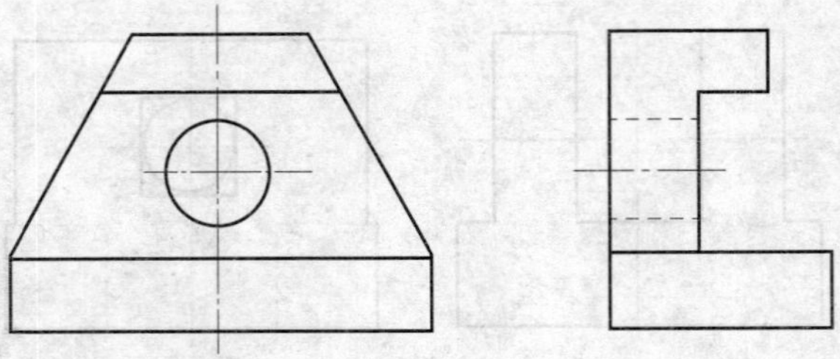

4.

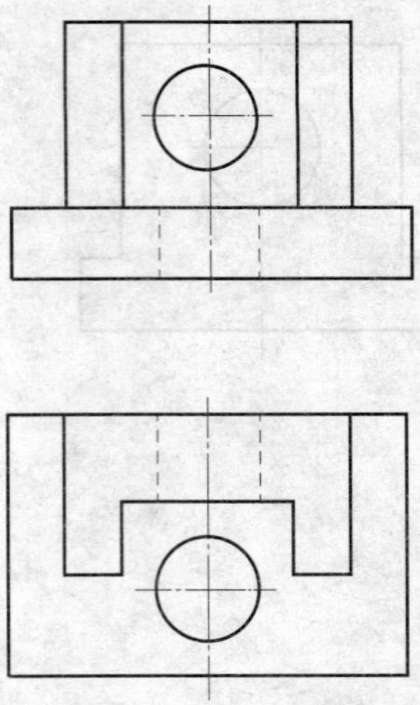

班级　　　　　　　　姓名　　　　　　　　学号

4.8（续）

5.

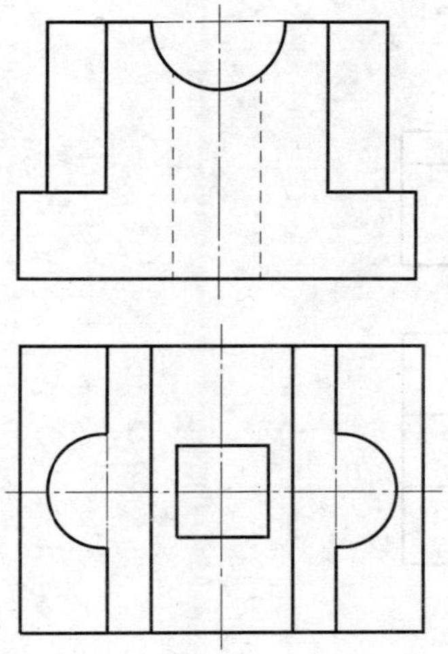

6.

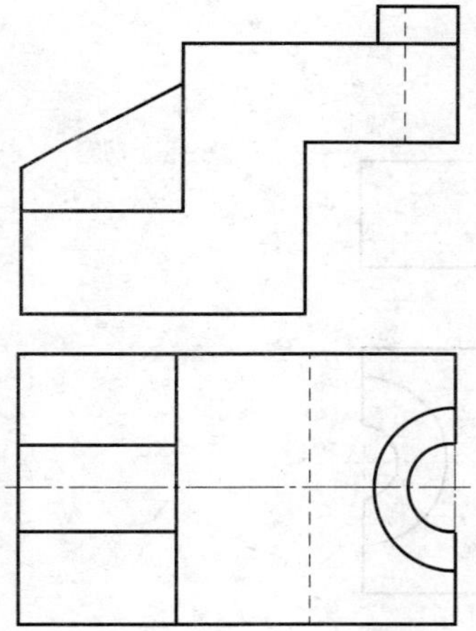

7.

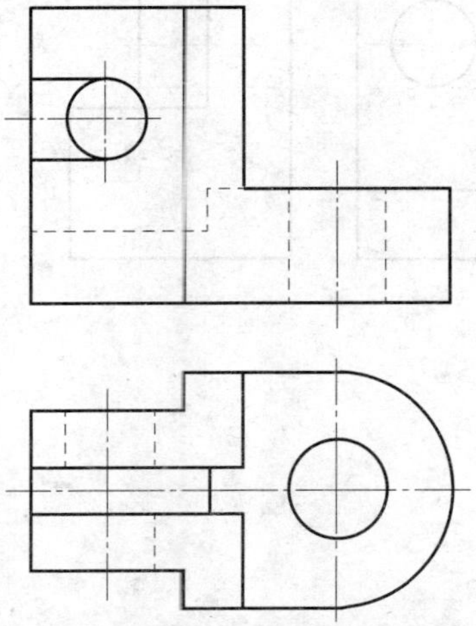

8.

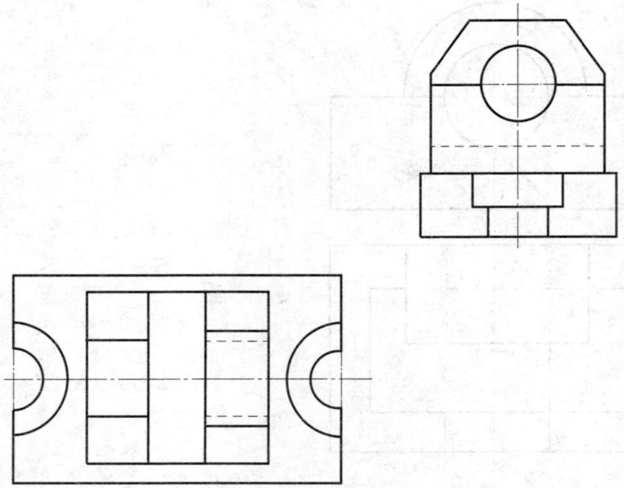

班级　　姓名　　学号

4.8（续）

9.

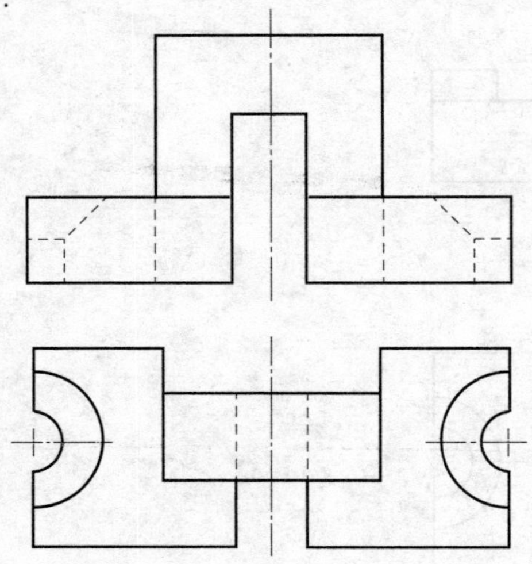

10.

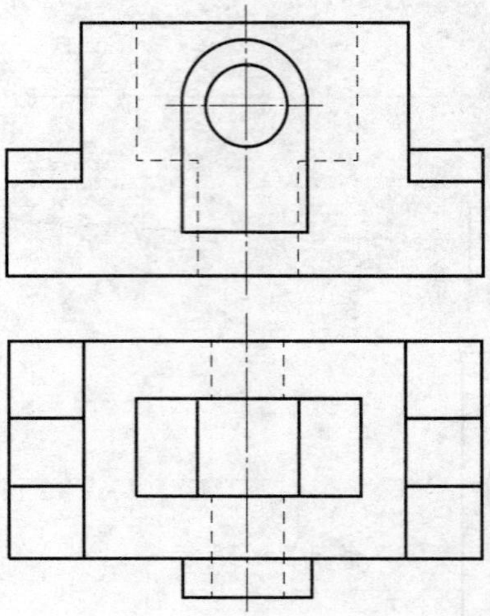

11.

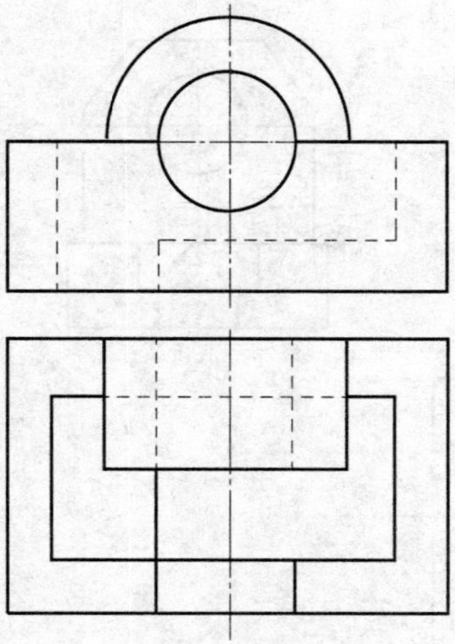

12.

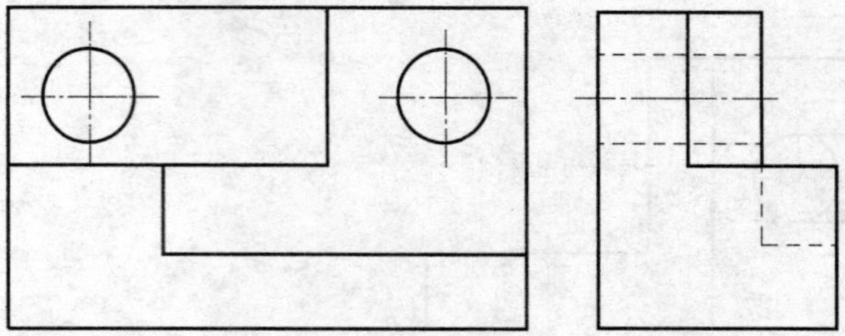

班级　　　　　　　　姓名　　　　　　　　学号

第5章　轴测图

5.1　根据视图画正等轴测图

1.

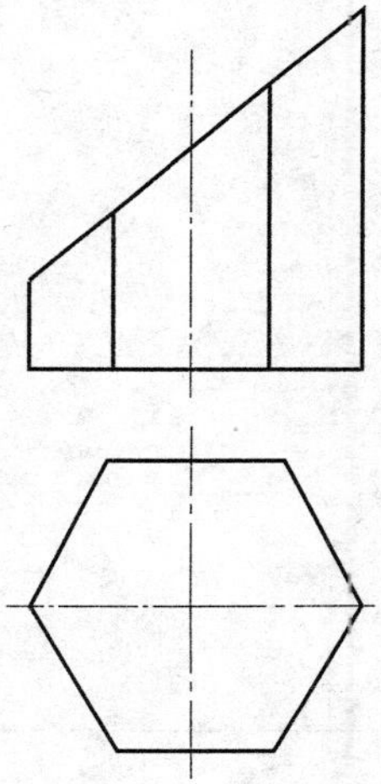

2.

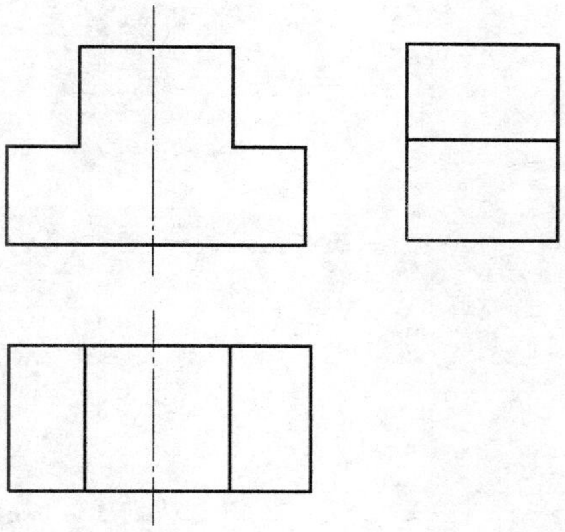

3.

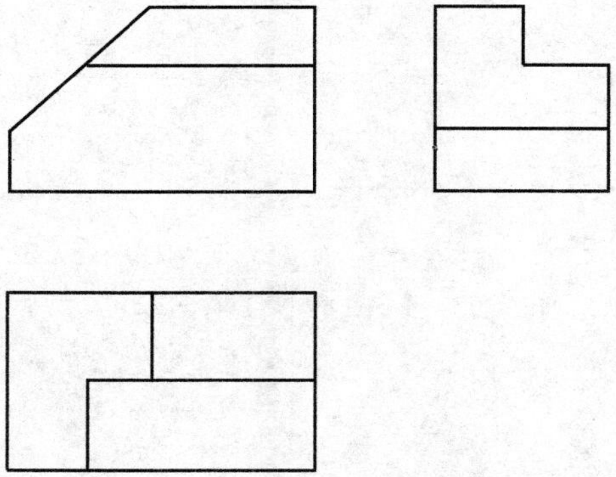

4.

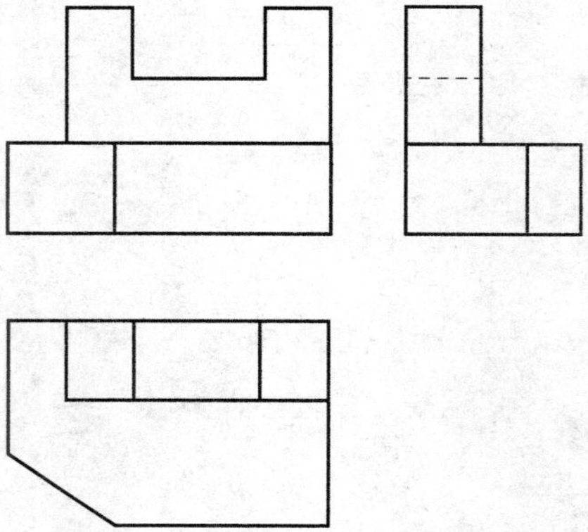

班级　　　　　　　　姓名　　　　　　　　学号

5.2 根据视图画正等轴测图(一)

1.

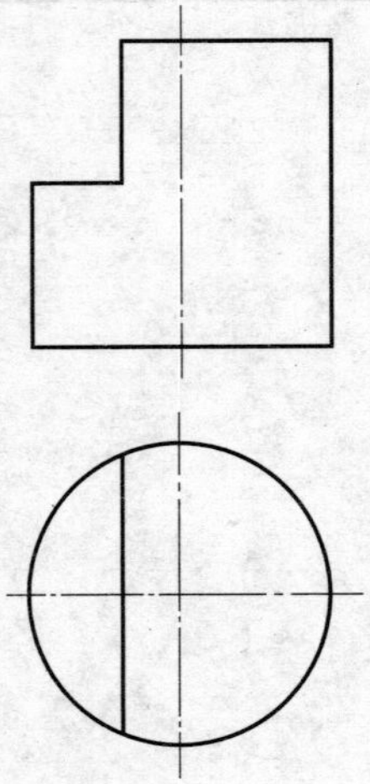

2.

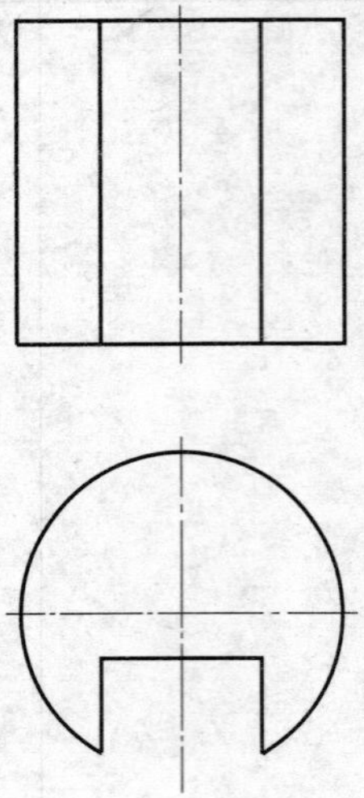

3.

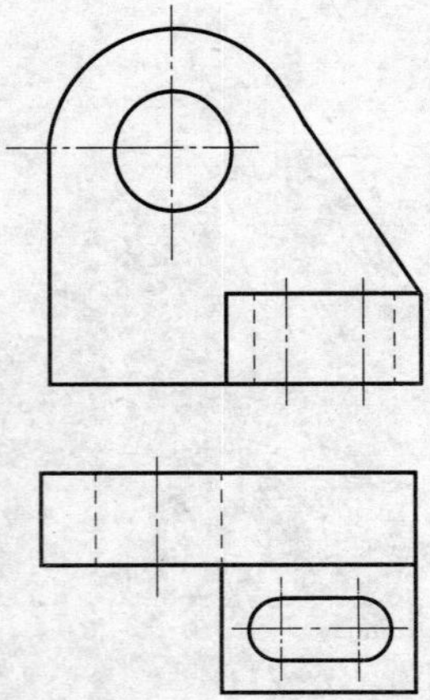

4.

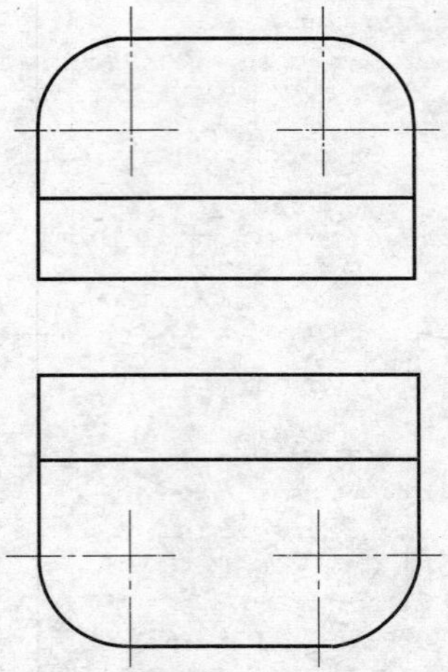

班级　　　　姓名　　　　学号

5.3　根据视图画正等轴测图(二)

1.

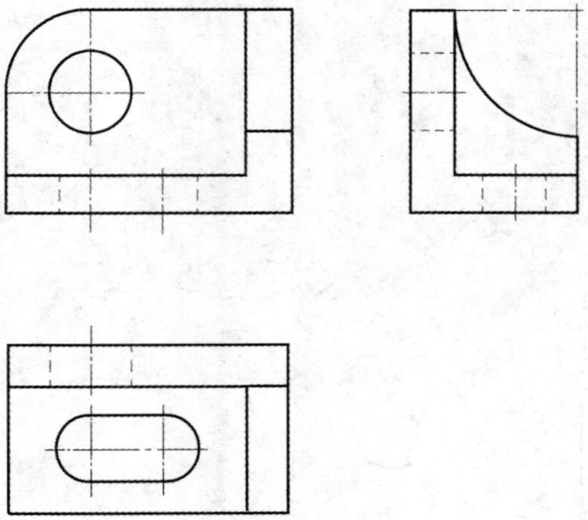

2.

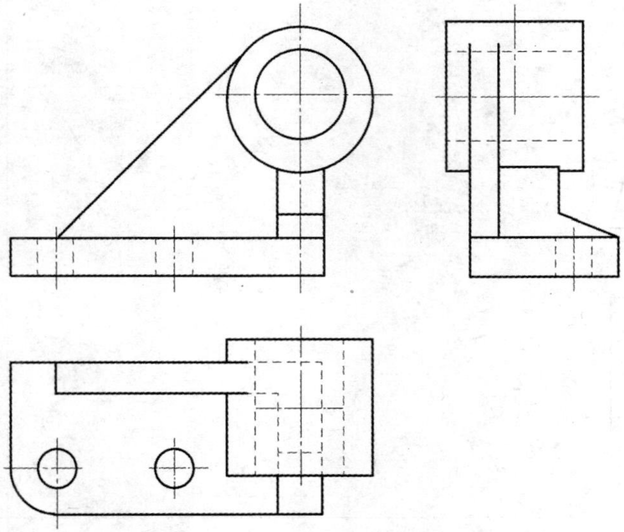

班级　　　　　　姓名　　　　　　学号

5.4　根据视图画斜二等轴测图

1.

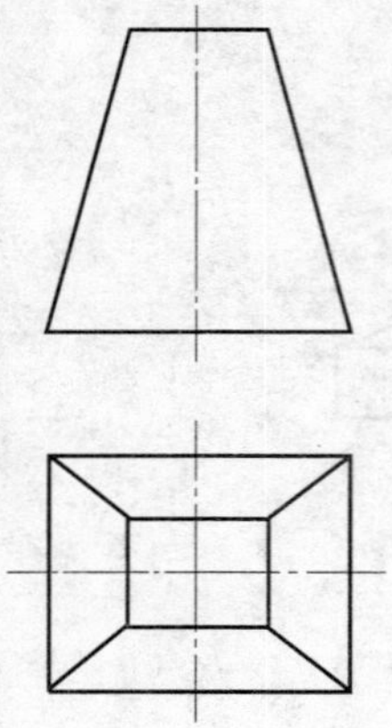

2.

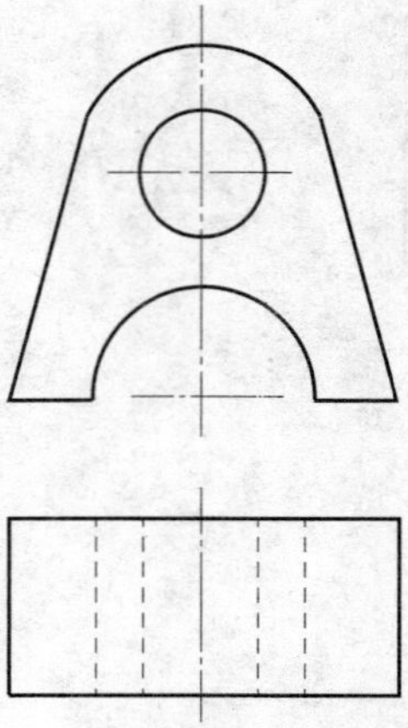

3.

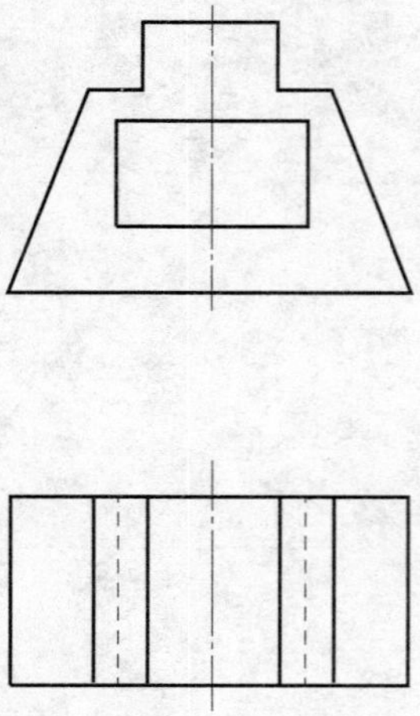

4.

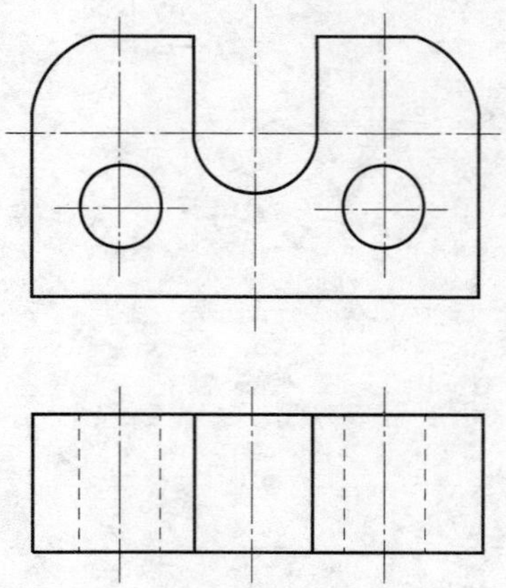

班级　　　　　　　　　姓名　　　　　　　　　学号

第6章　机件常用的表达方法

6.1　基本视图和向视图

1.根据主、俯、左三视图，补画右、后、仰三视图。

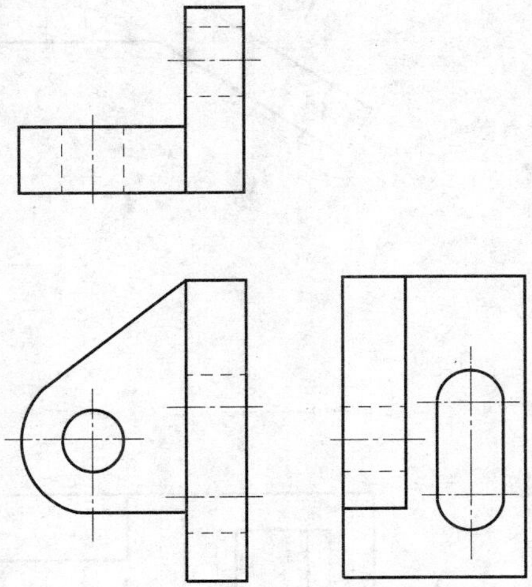

2.根据给定的视图，补画指定的向视图，并按规定标注。

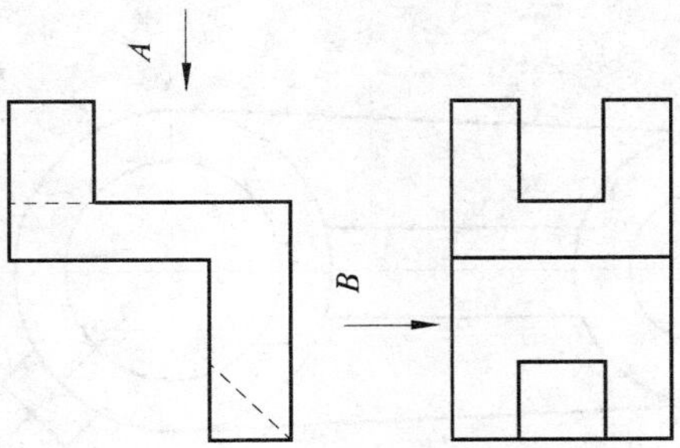

班级　　　　　　　　姓名　　　　　　　　学号

6.2 在指定位置画出局部视图*A*和斜视图 *B*

1.

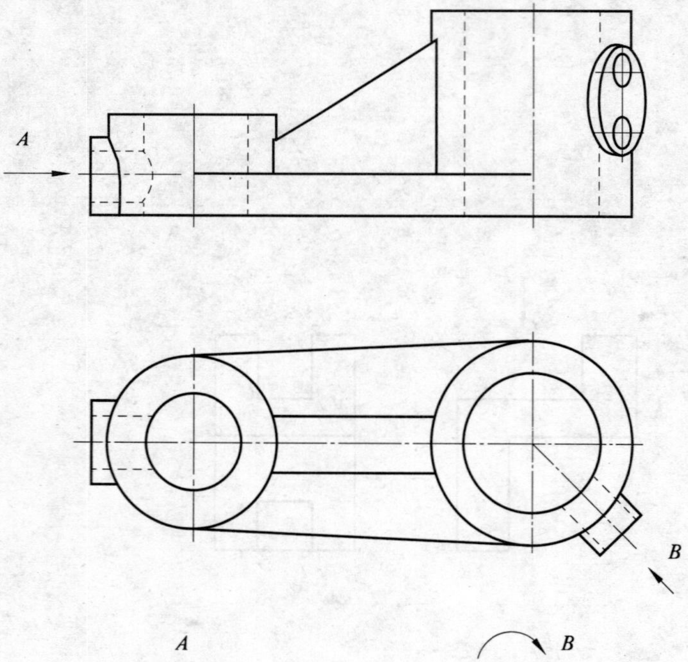

2.

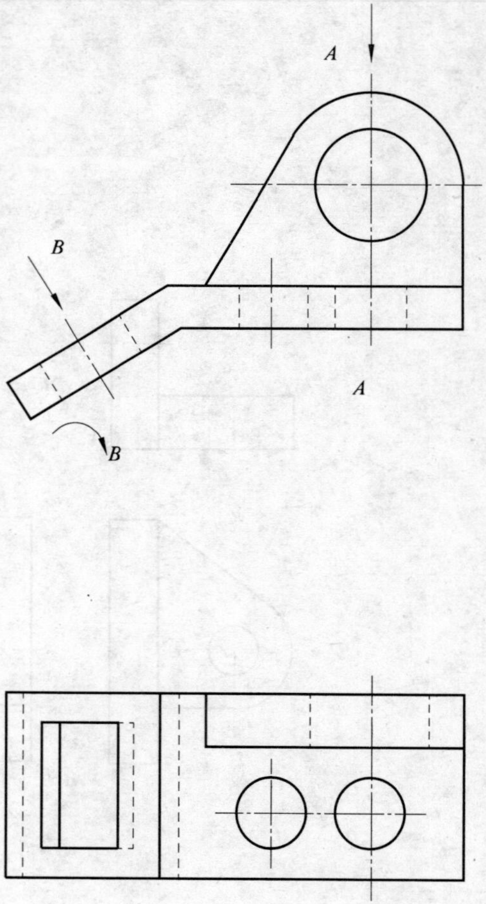

班级 姓名 学号

6.3 分析视图的结构特点，修改图中的错误(可徒手绘制)

1.

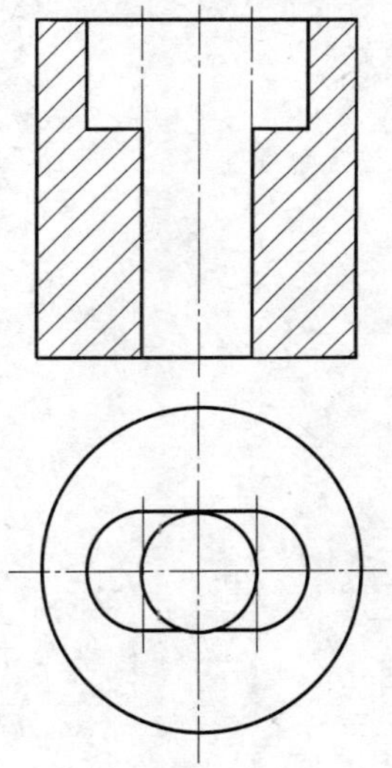

2.

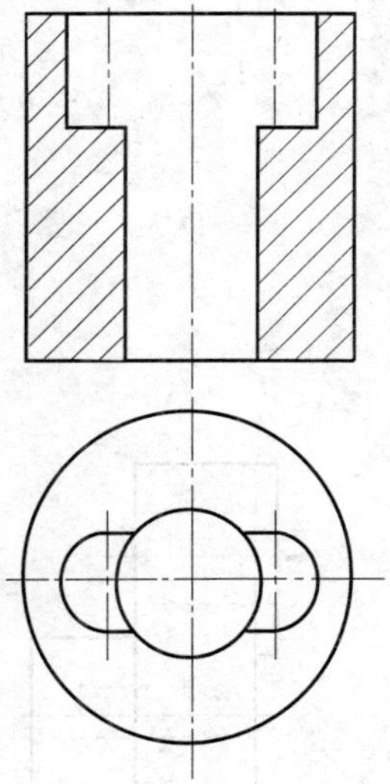

3.

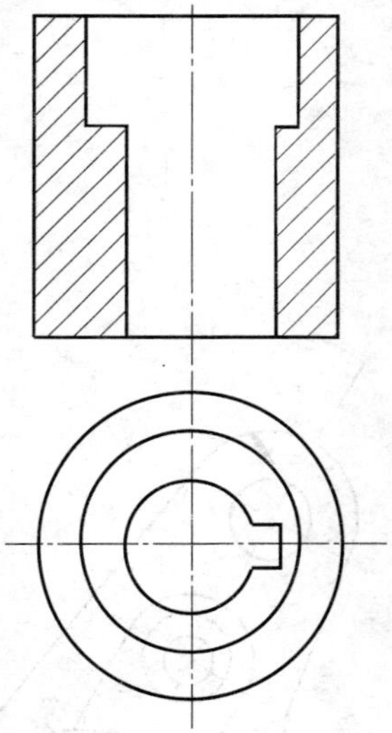

4.

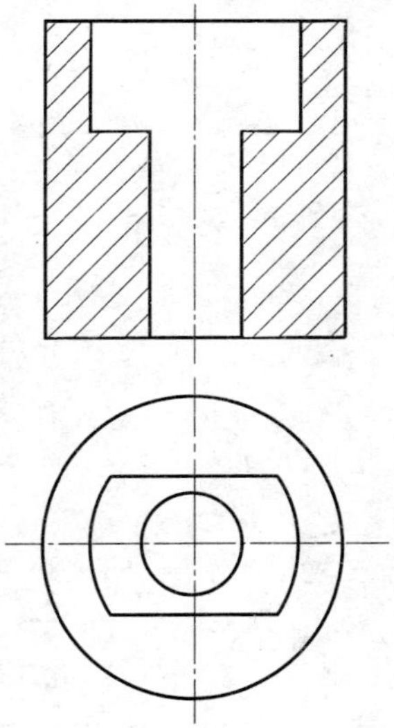

5.

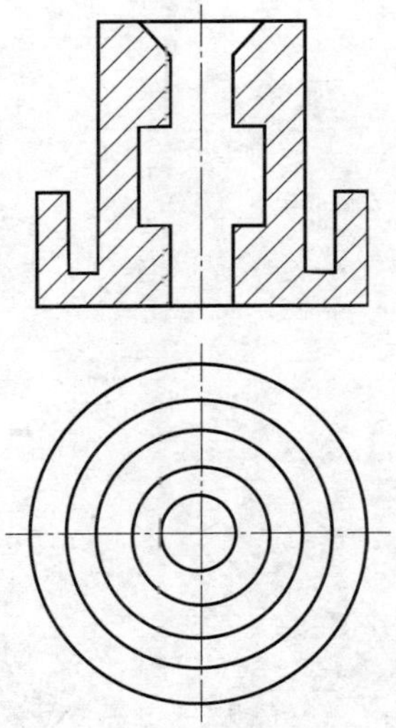

6.

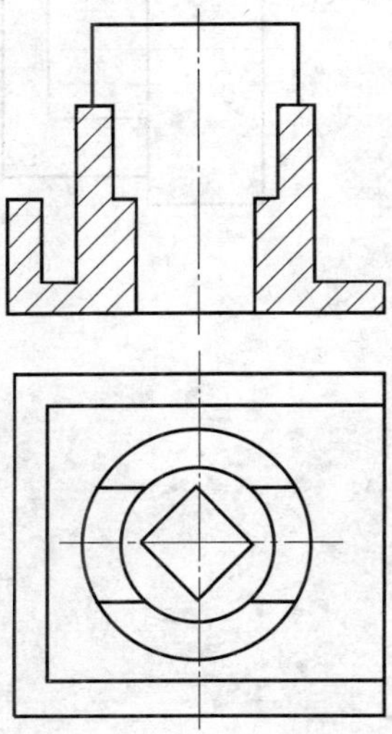

7.

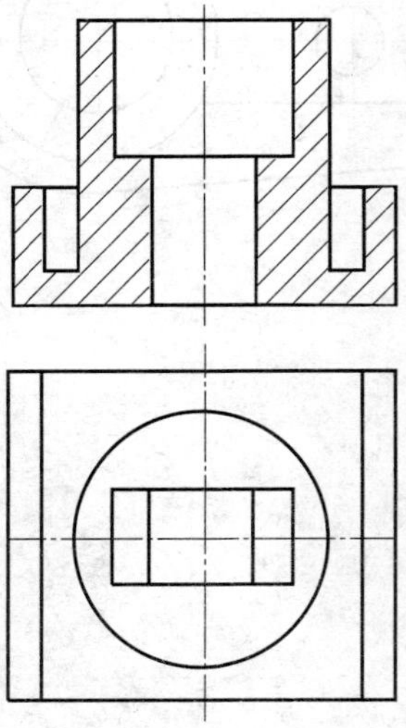

8.

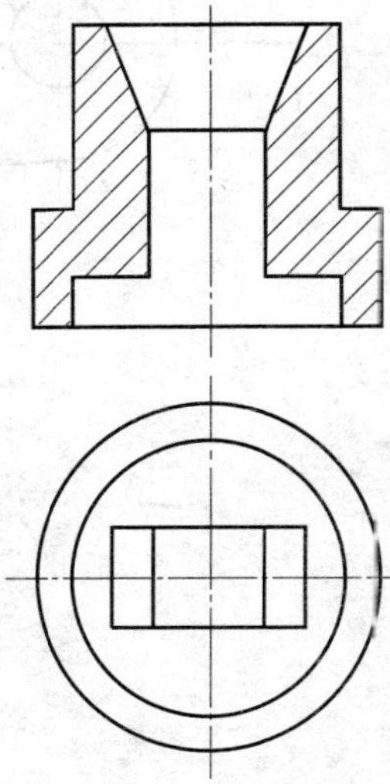

班级　　　　　　　　　姓名　　　　　　　　　学号

6.4　选择合适的剖切面剖切机件，绘制剖视图，并按规定标注

1.

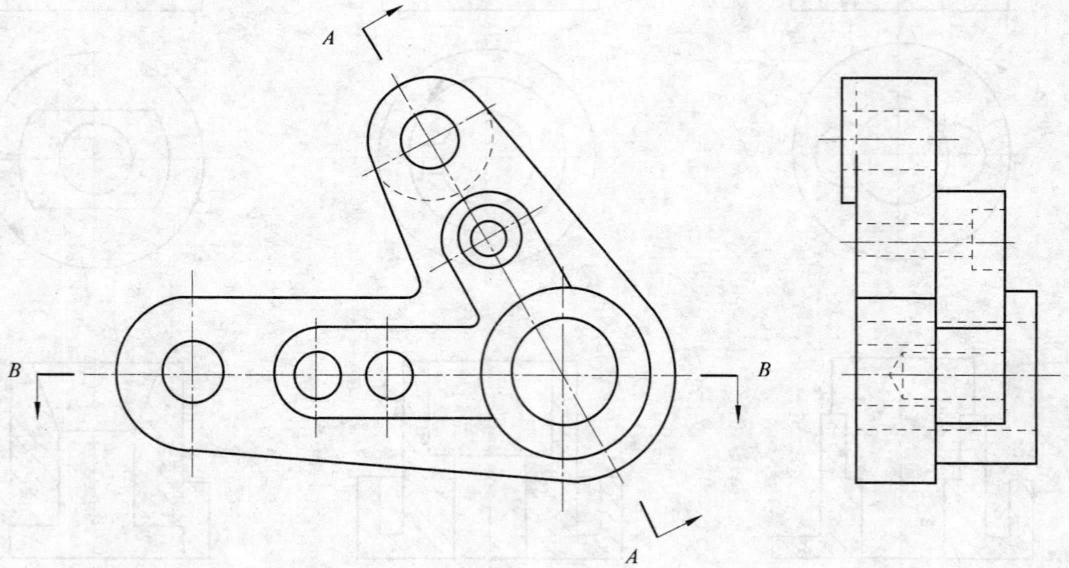

班级　　　　　　　　姓名　　　　　　　　学号

2.

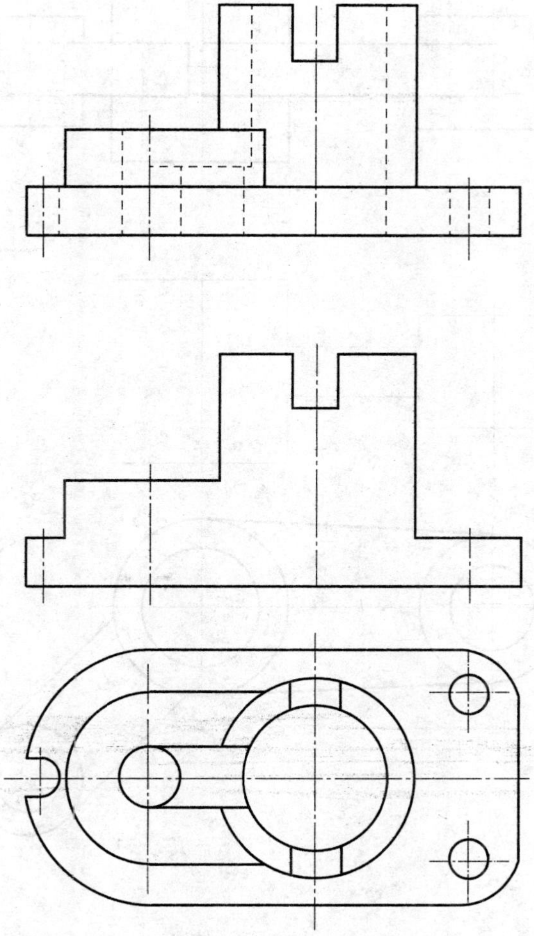

3.

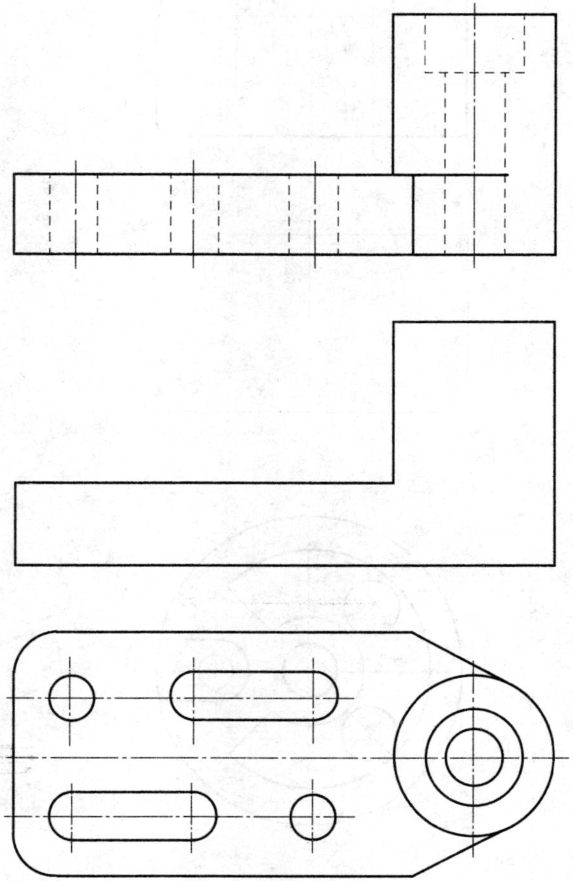

班级　　　　　　　　　　姓名　　　　　　　　　　学号

4.

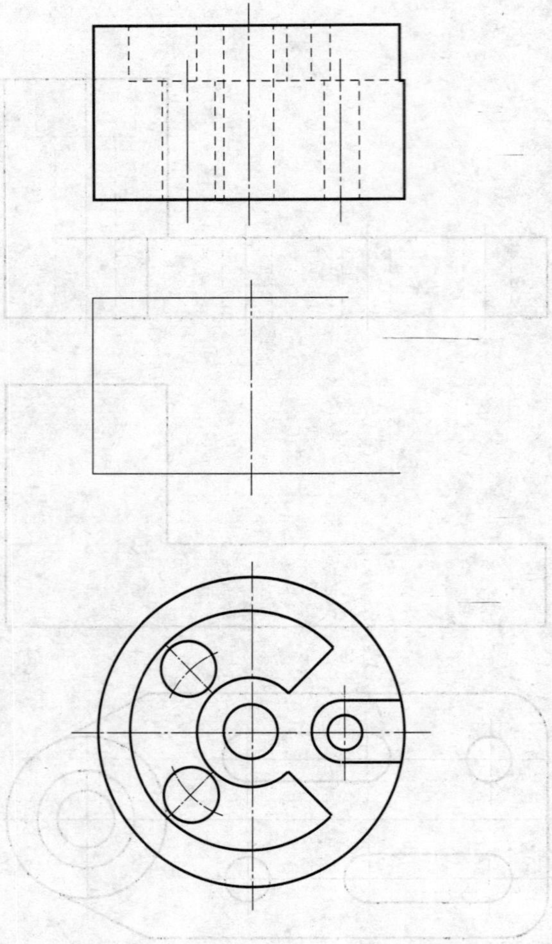

5.

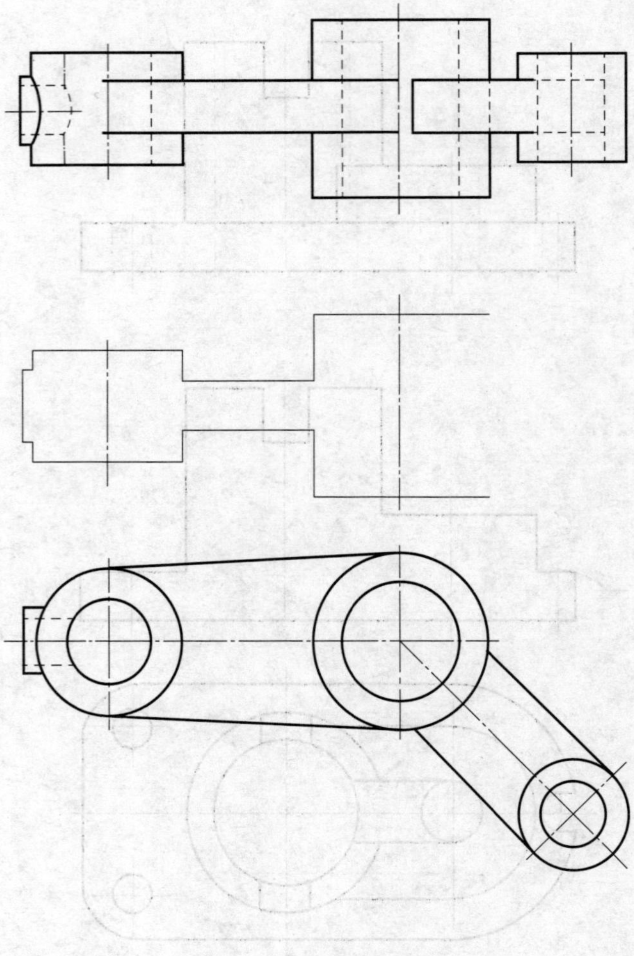

班级　　　　　　　　　　姓名　　　　　　　　　　学号

6.

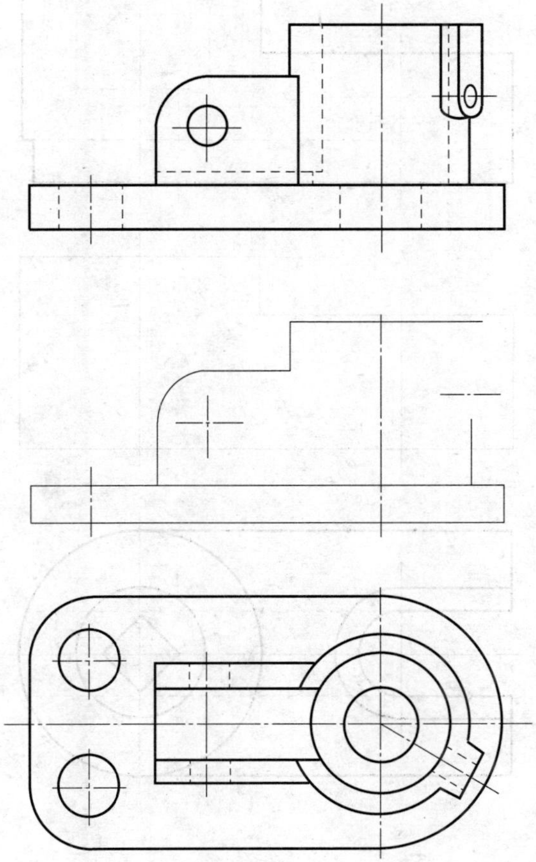

7.

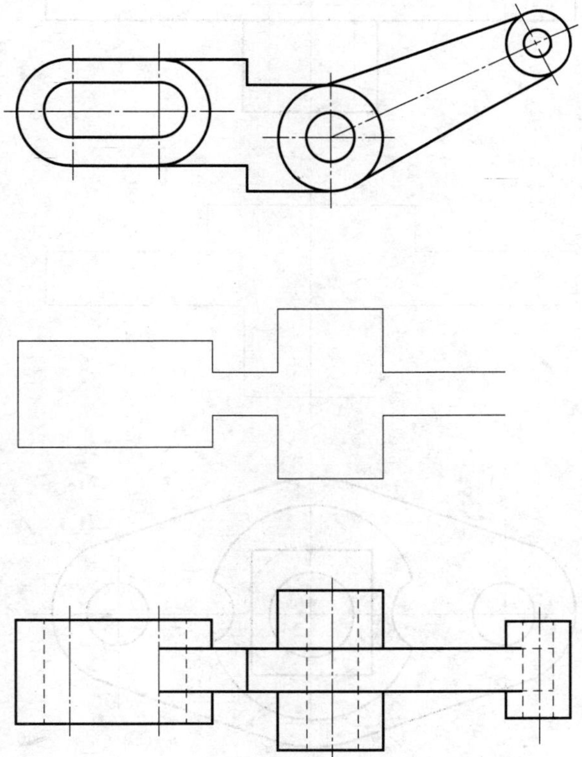

班级　　姓名　　学号

6.5 将指定视图改画成剖视图

1.

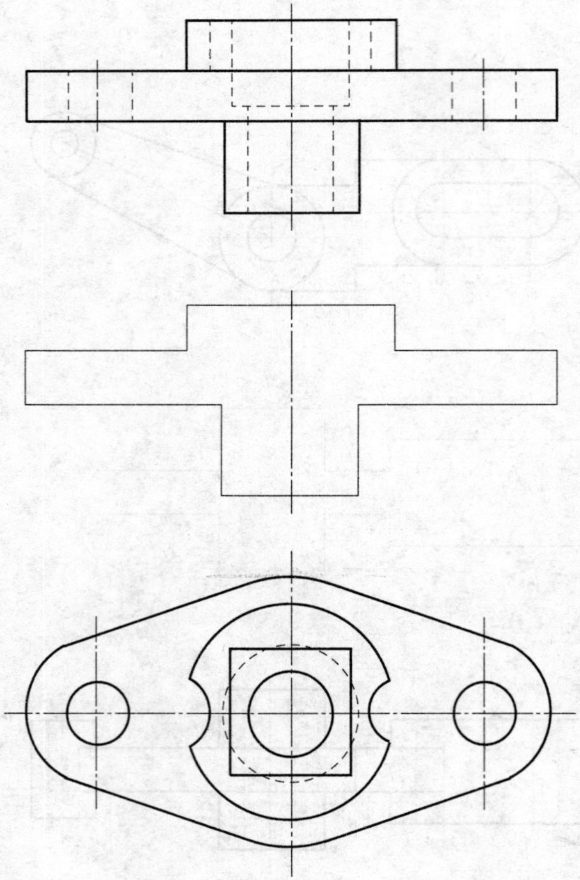

2.

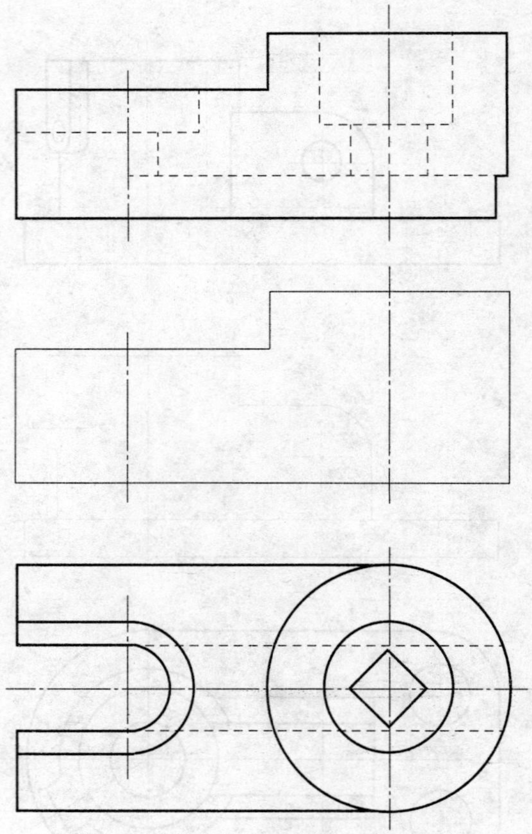

班级　　　　　　　　　　姓名　　　　　　　　　　学号

6.5（续）

3.

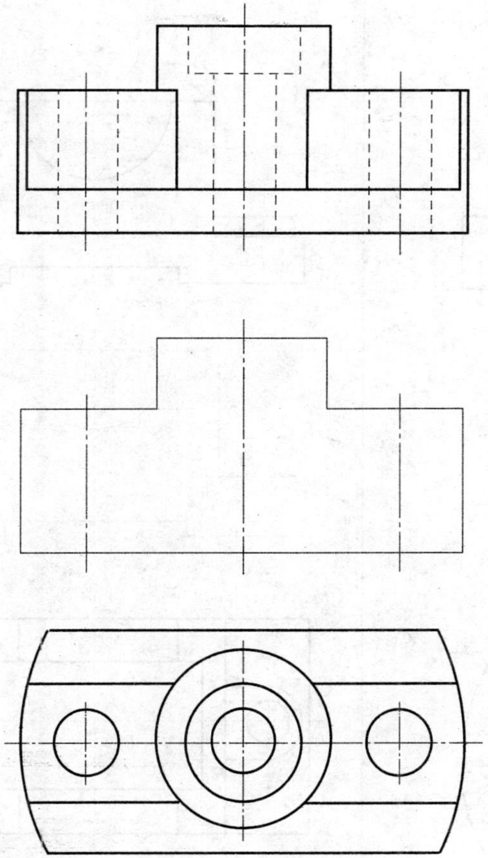

4.

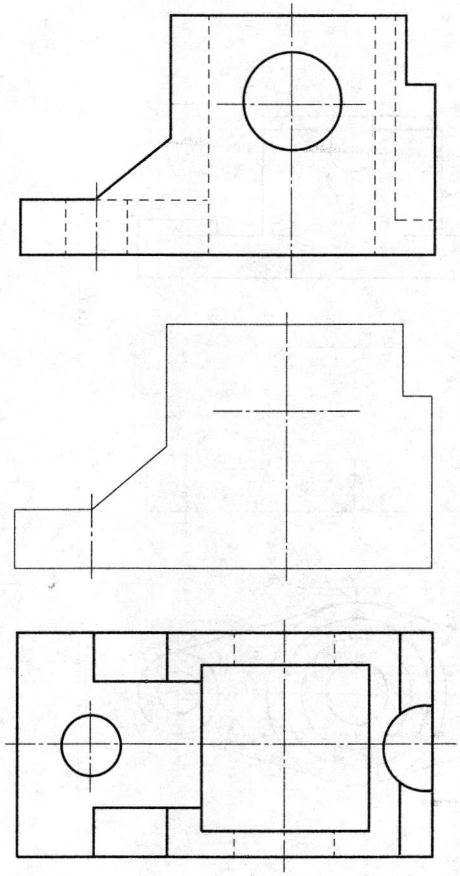

班级　　　　姓名　　　　学号

6.6 将主视图改画成半剖视图

1.

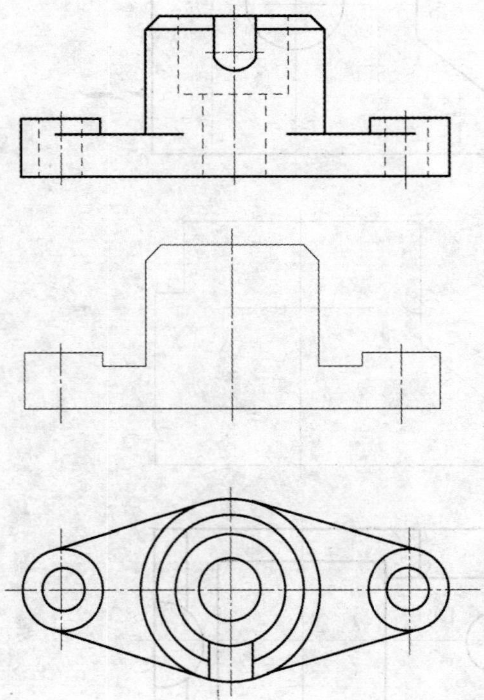

2.

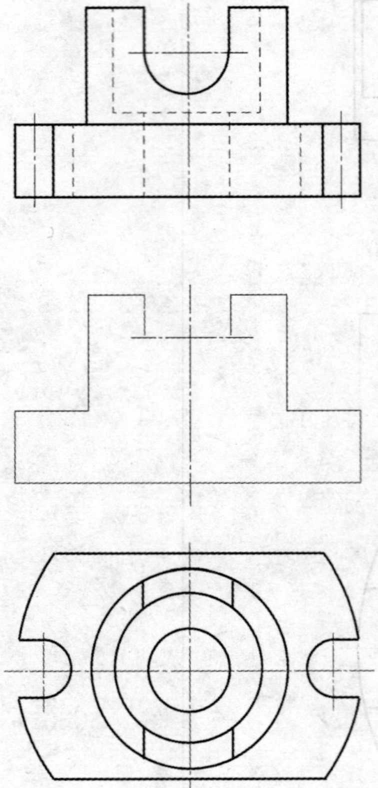

3.

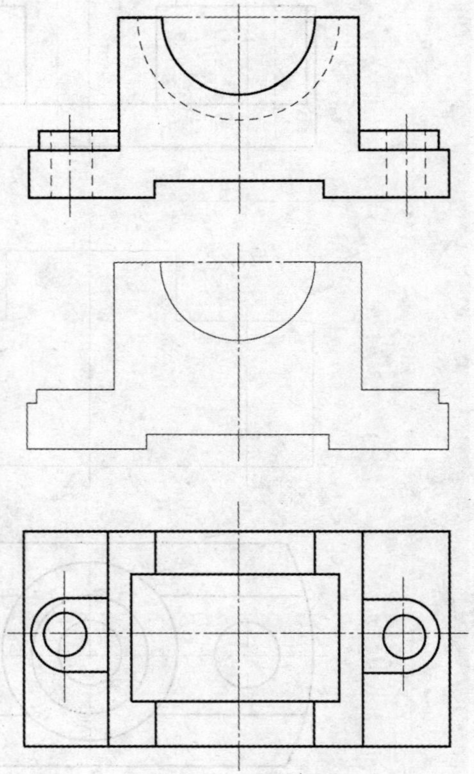

班级 姓名 学号

6.7　将主视图改画成半剖视图，并补画出全剖的左视图

1.

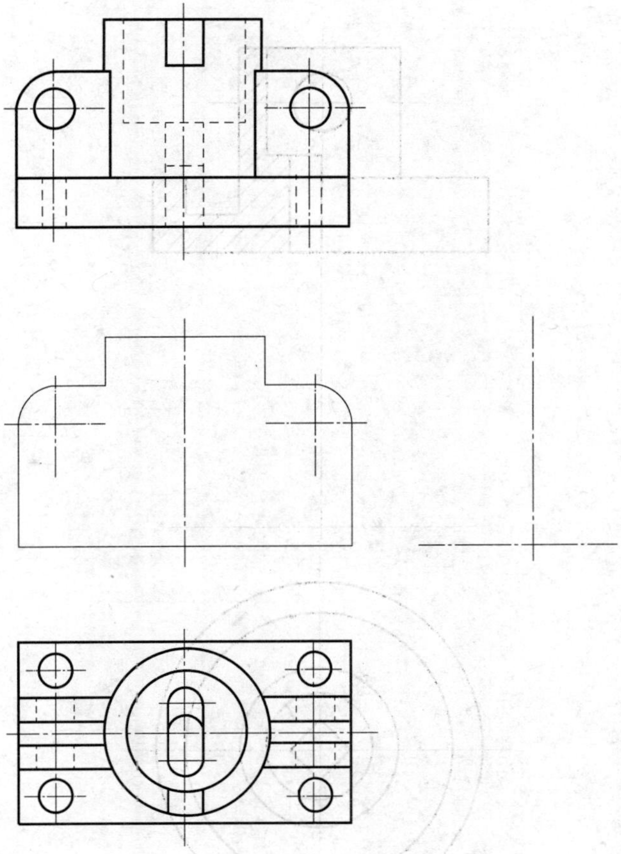

2.

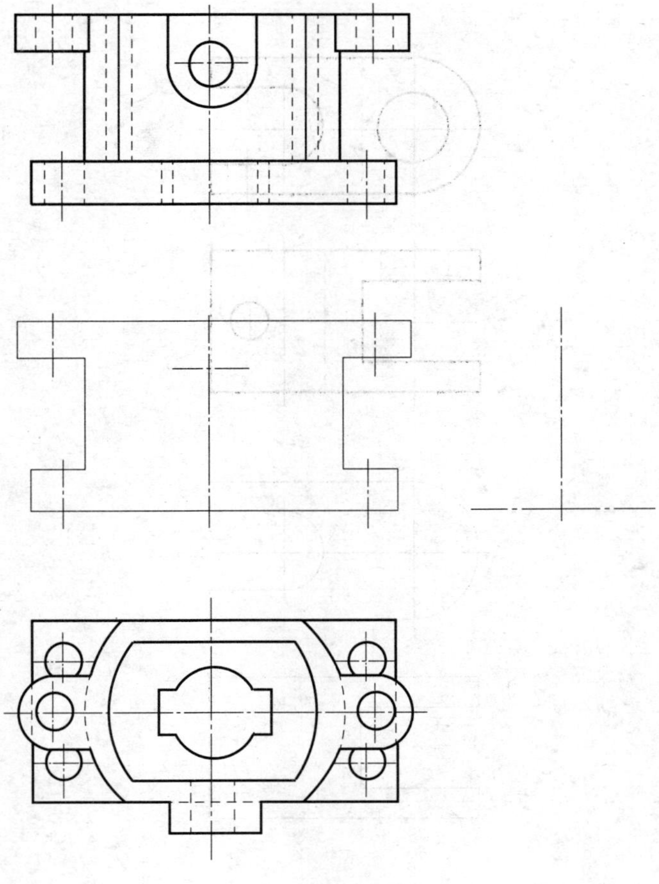

班级　　　　　　　　姓名　　　　　　　　学号

6.8 局部剖视图

1.改画成局部剖视图。

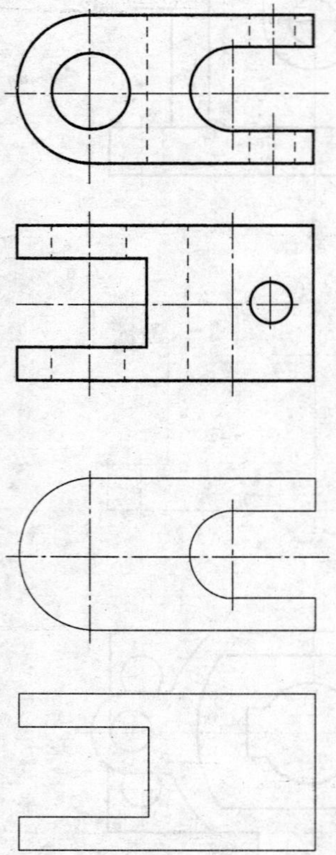

2.分析图中的错误，画出正确的剖视图。

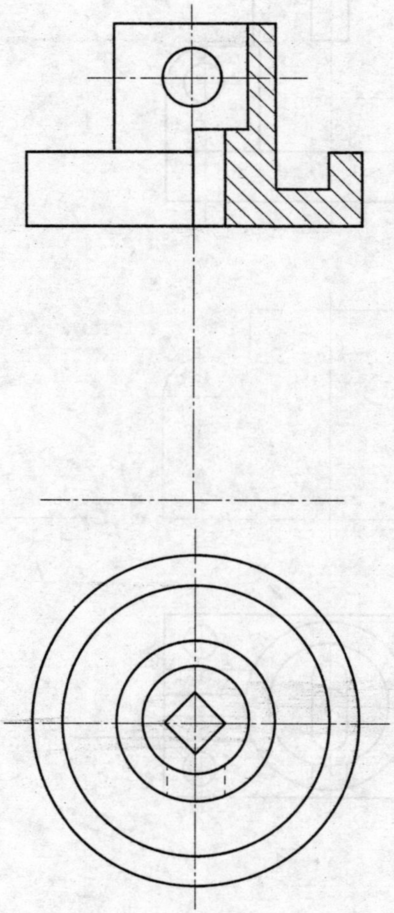

班级　　　　姓名　　　　学号

6.8（续）

3.在指定位置将主、俯视图改画成局部剖视图。

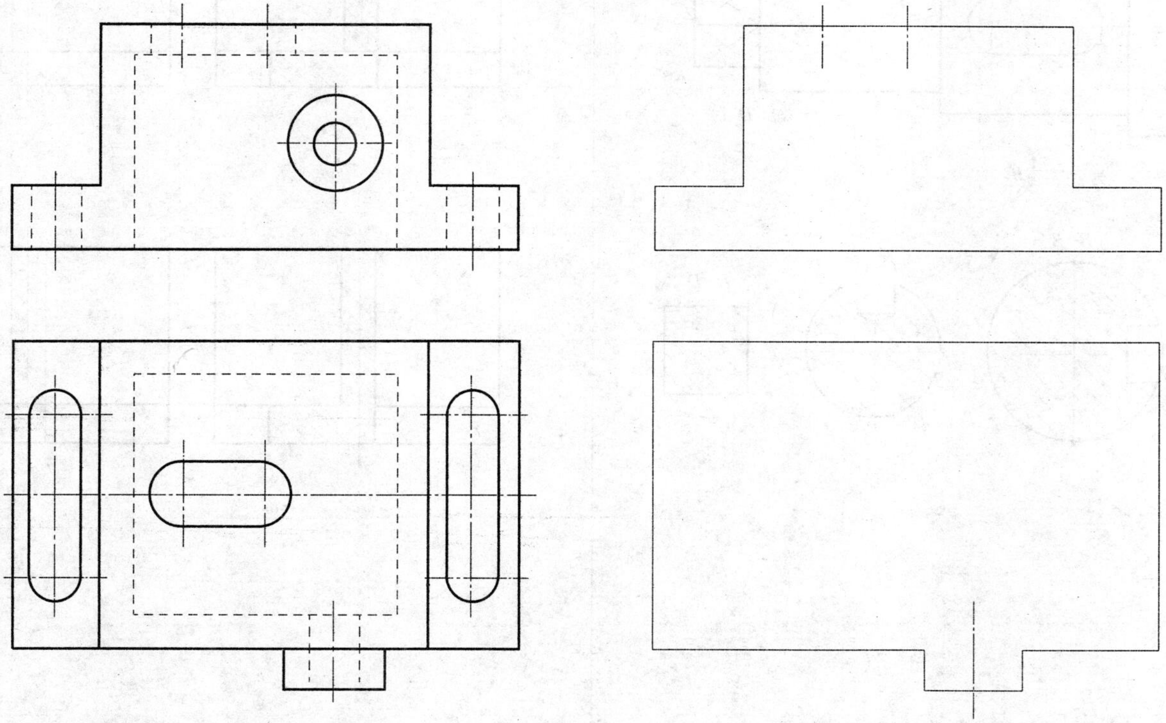

班级　　　　　　　　姓名　　　　　　　　学号

1.分析断面图的画法错误，并画出正确的断面图。

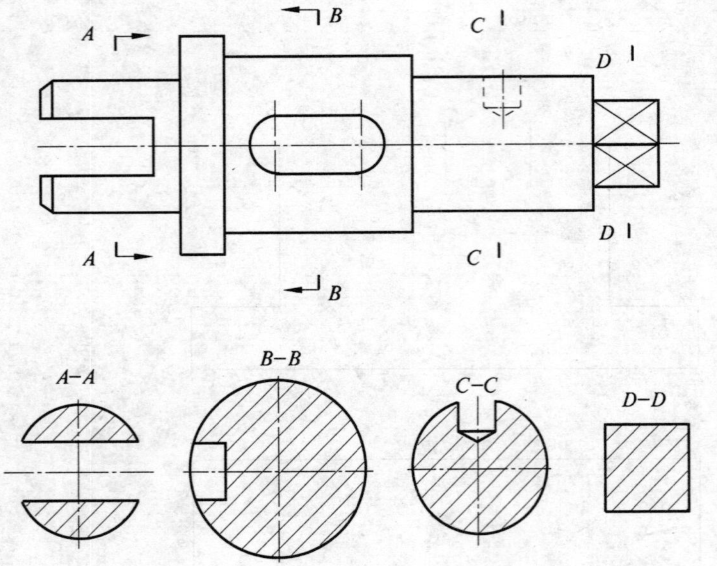

2.指出重合断面图的画法错误，并画出正确的断面图。

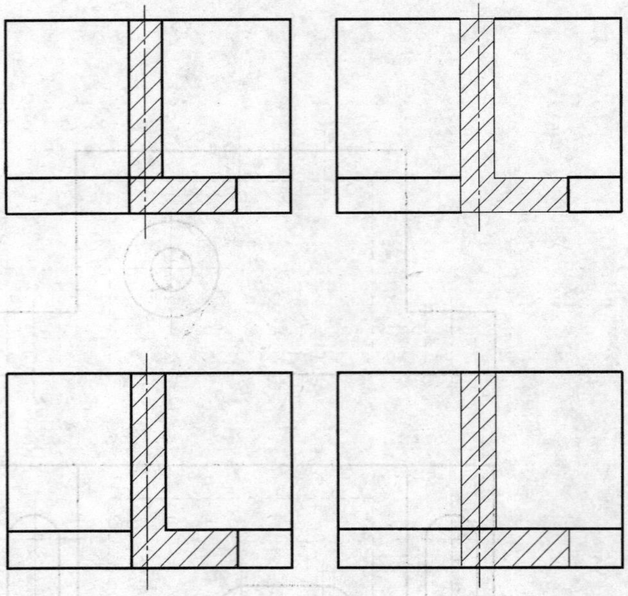

班级 姓名 学号

6.9 （续）

3.在指定的位置画出断面图(键槽深4) 。

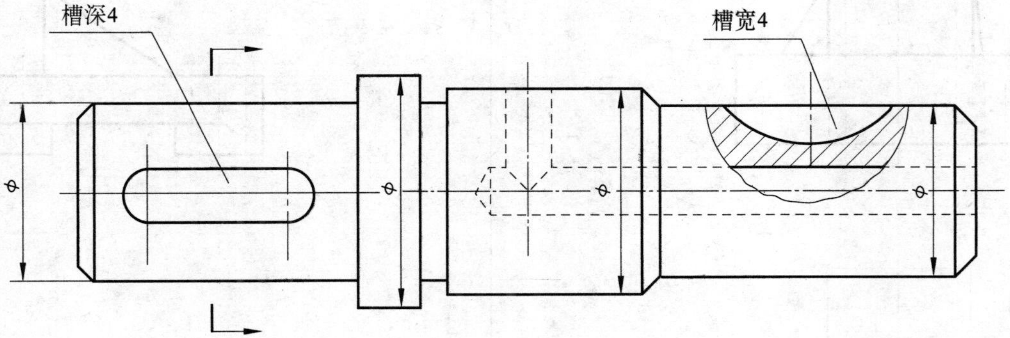

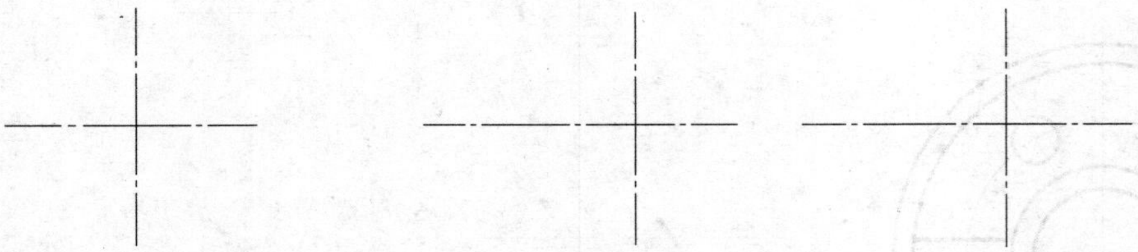

班级 姓名 学号

6.10　剖视图中的简化画法

1.

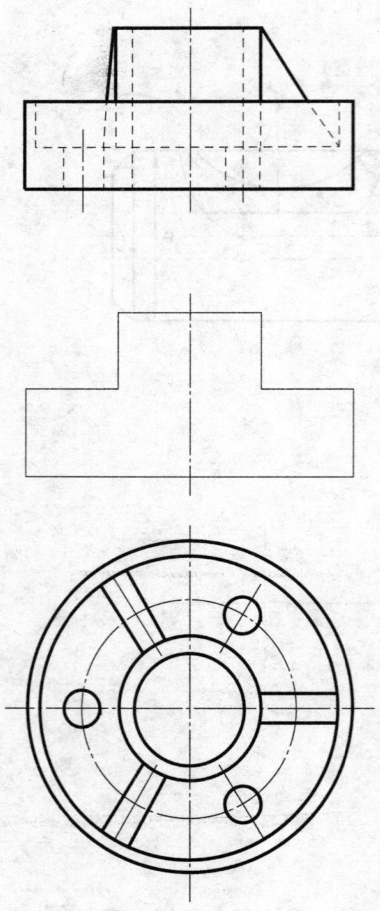

2.

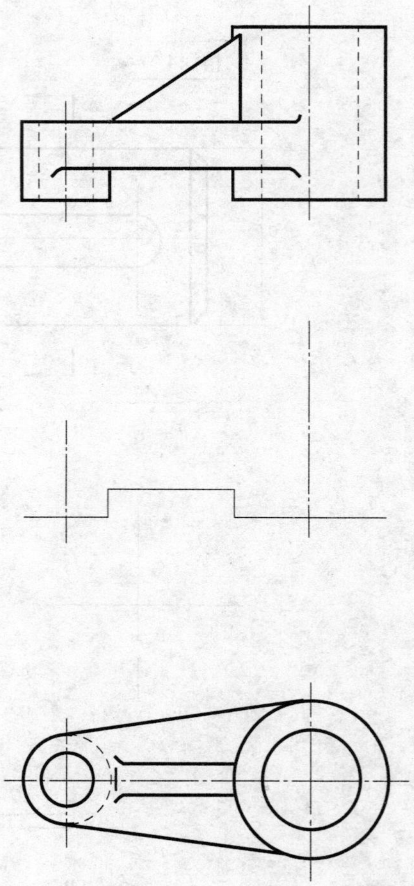

班级　　　　　　　　姓名　　　　　　　　学号

No4　剖视图作业指导书

一、目的

1.进一步提高形体分析及机件形状结构的综合表达能力。

2.掌握剖视图的画法。

二、内容与要求

1.根据视图(或模型)画剖视图。

2.用A3图纸，标注尺寸，比例自定。

三、注意事项

1.在分析清楚机件形状结构的基础上，应用形体分析的方法，首先考虑选取哪些视图，怎样剖切，才能把主要结构表达清楚，对次要结构可采用适当的方法(辅助视图、剖视等)或改变投射方向予以解决，在方案的选择上，可多考虑几种进行比较，从中确定出最佳方案。

2.剖视图应直接画出，而不是先画成视图，再将视图改成剖视图。

3.剖面线最好不画底稿线，而在描深时一次画成。各视图中剖视部分剖面线的方向和间隔应保持一致。

4.剖视图中剖切位置的标注及局部剖视图中波浪线的画法。

5.应用形体分析法标注尺寸，确保所注尺寸既不遗漏也不重复。

四、图例(见附图)

1.

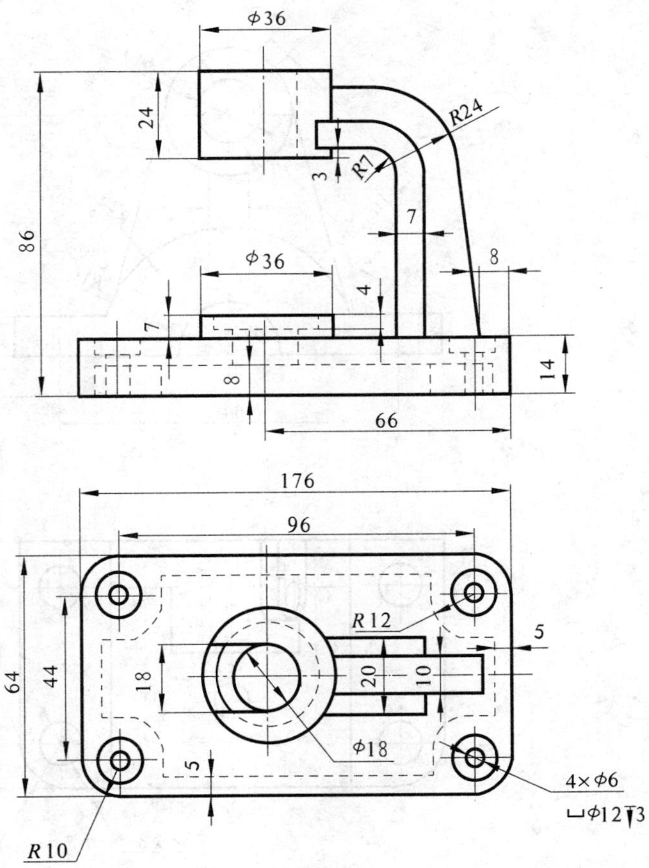

班级　　　　姓名　　　　学号

6.11（续）

2.

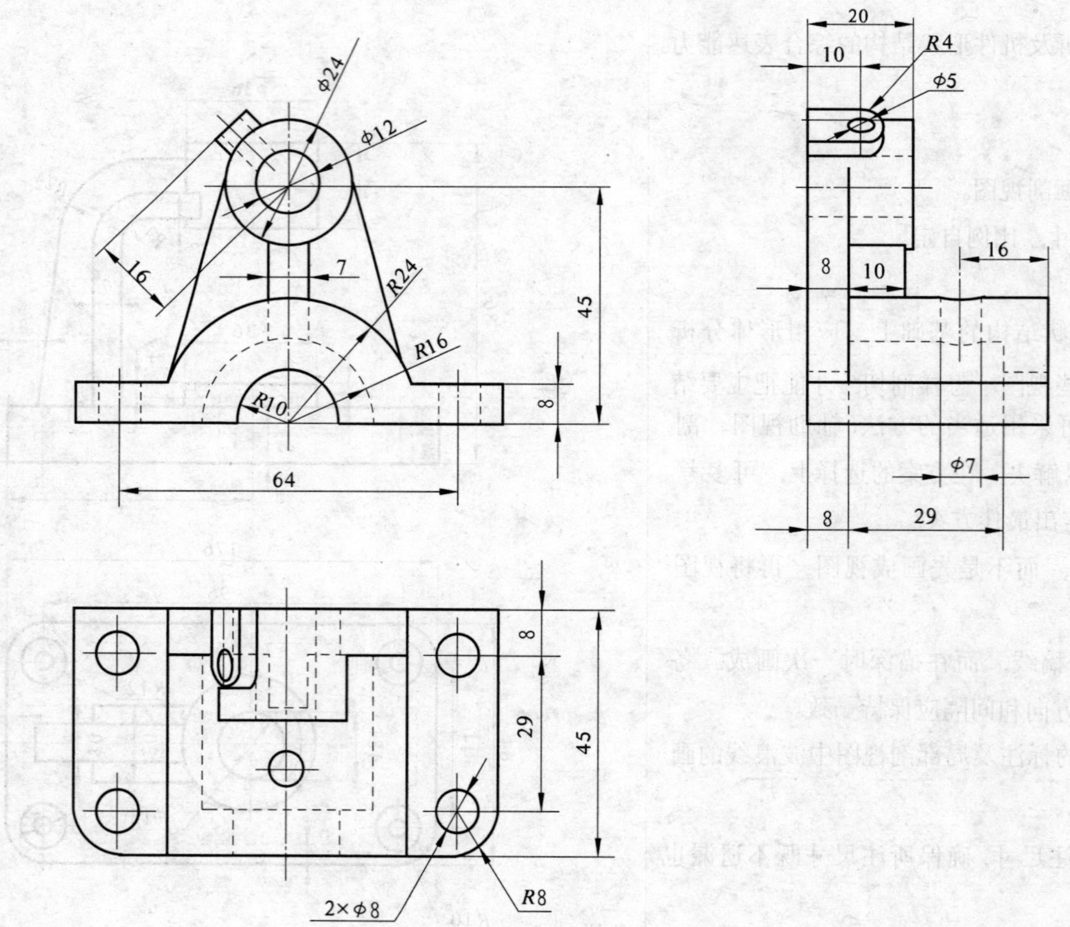

班级　　　　姓名　　　　学号

6.11（续）

3.

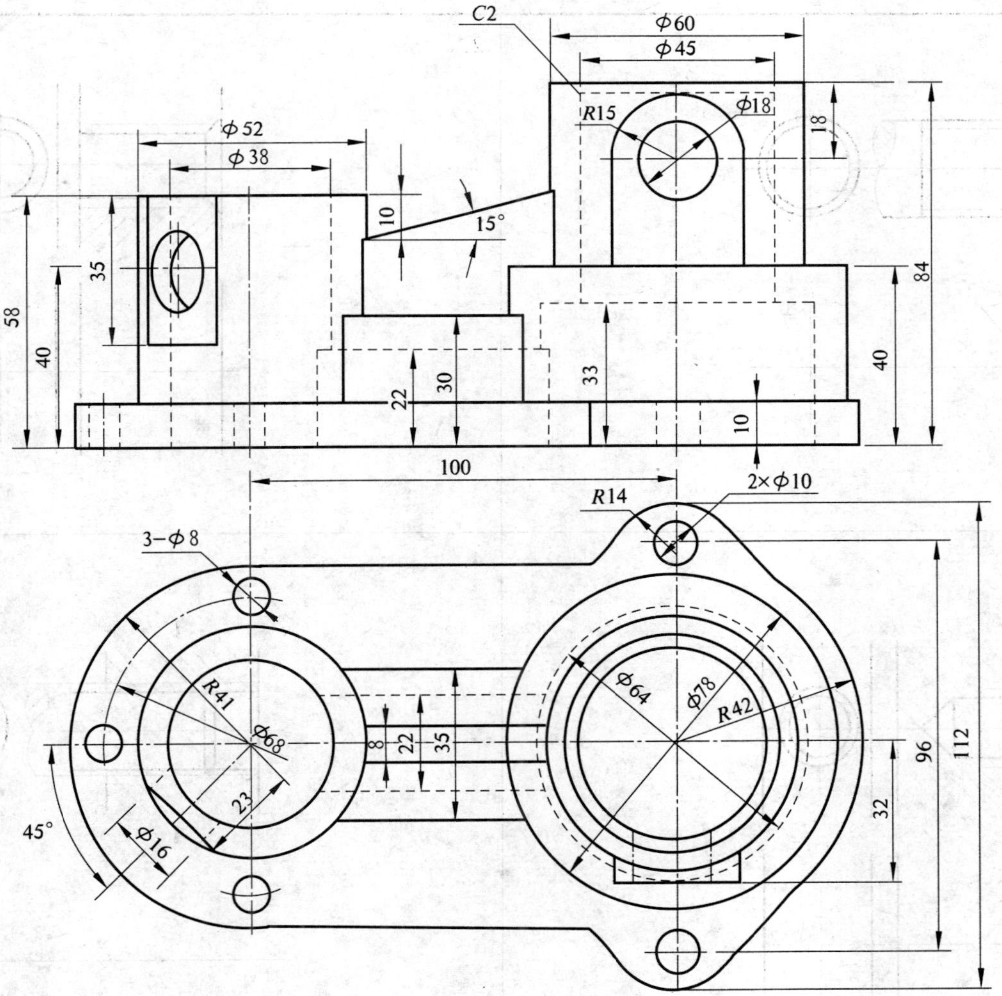

班级　　　　姓名　　　　学号

第7章　标准件与常用件

7.1　分析下列螺纹及螺纹连接画法中的错误，在指定位置画出正确图形

1.

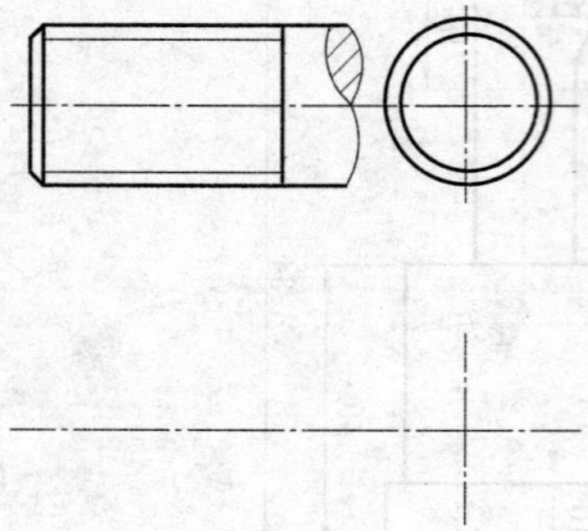

2.

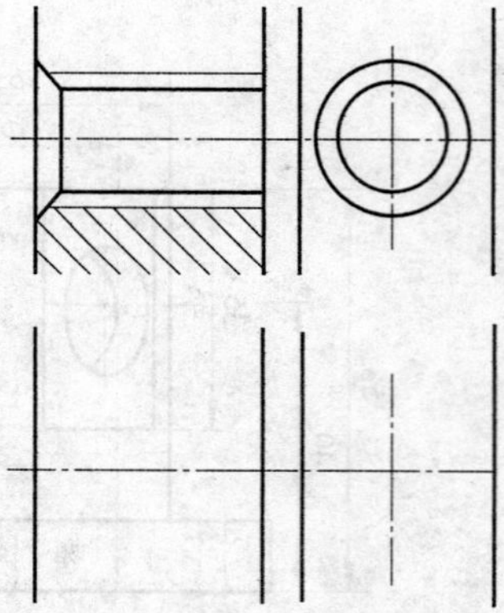

3.

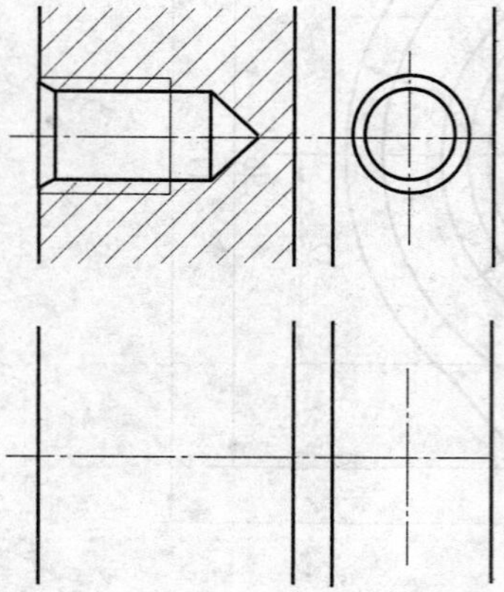

4.

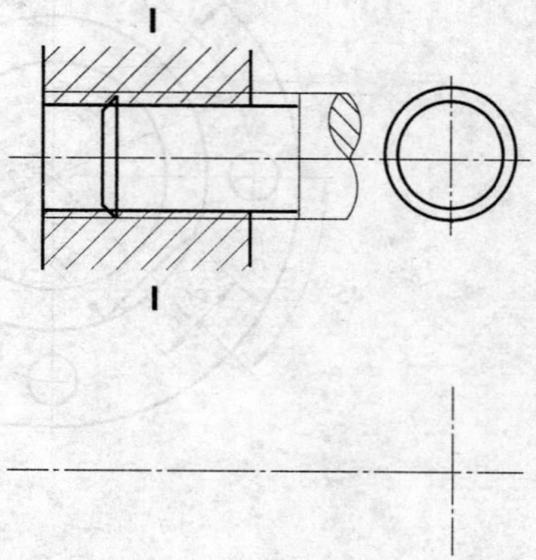

班级　　　　　　　　姓名　　　　　　　　学号

7.2 根据给定的螺纹要素，标注下列螺纹

1.细牙普通螺纹，大径24 mm，螺距1.5 mm，单线，右旋，中、顶径公差带代号分别为5g、6g，中等旋合长度。

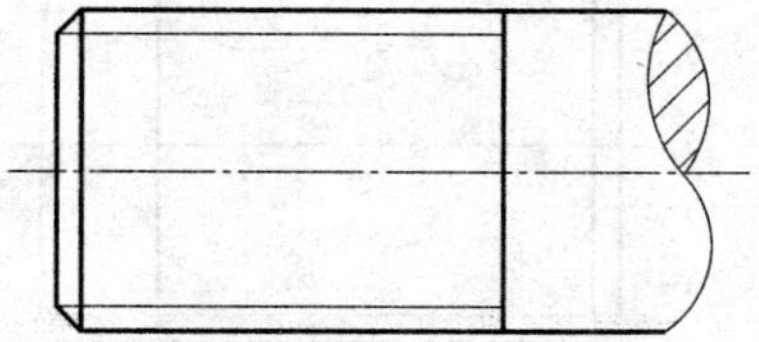

2.细牙普通螺纹，公称直径20 mm，螺距1.5 mm，单线，左旋。

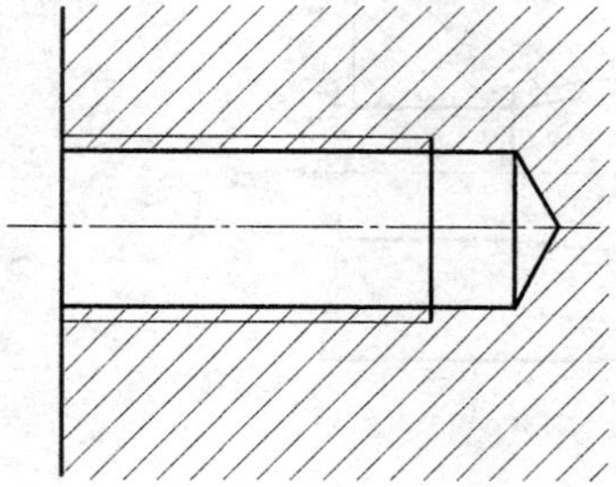

3.粗牙普通螺纹，大径24 mm，螺距3 mm，单线，右旋，中、顶径公差带代号均为7H，长旋合长度。

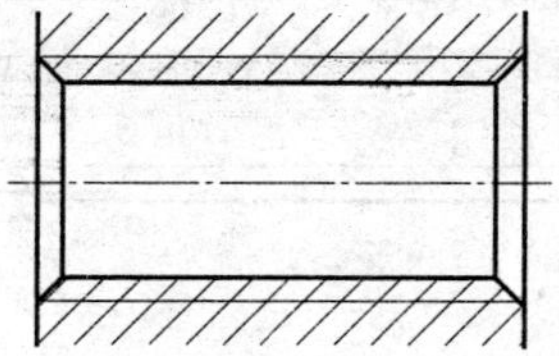

4. 55°非密封管螺纹，尺寸代号为1，右旋，A级。

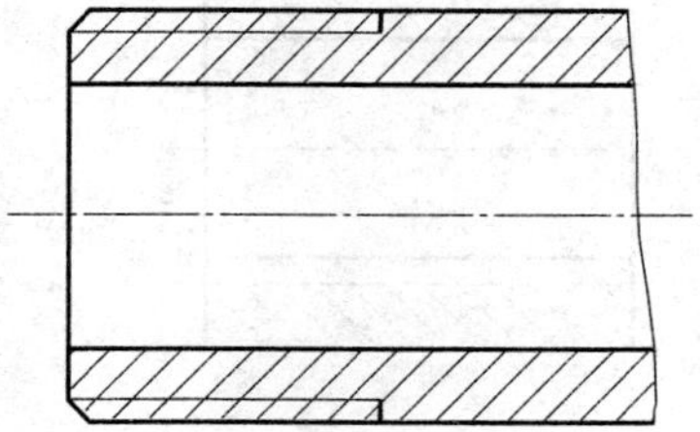

班级　　　　　　姓名　　　　　　学号

5．55° 密封管螺纹，尺寸代号为1/2，右旋。

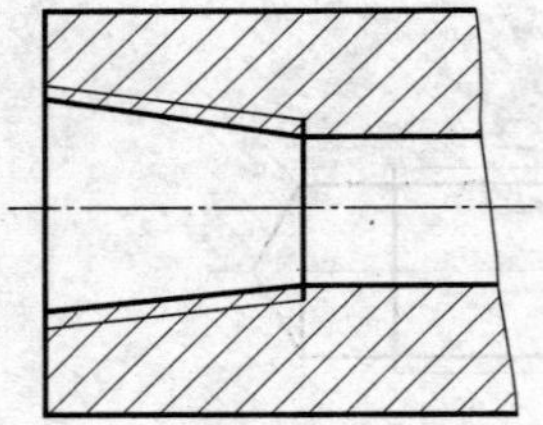

6.梯形螺纹，公称直径36 mm，导程12 mm，螺距6 mm，双线，右旋，中径公差带代号为7h，中等旋合长度。

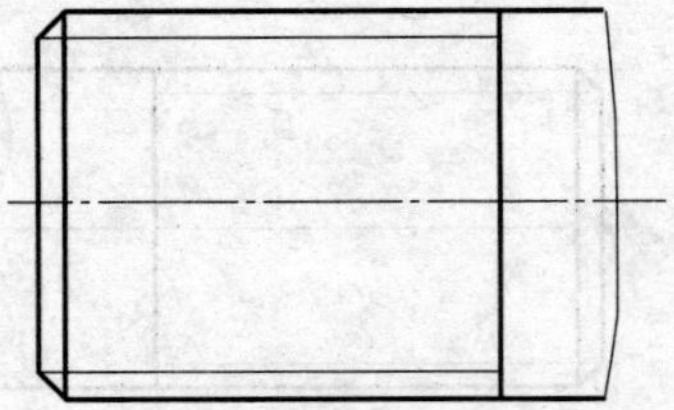

7.梯形螺纹，公称直径26 mm，导程10 mm，螺距5 mm，双线，左旋。

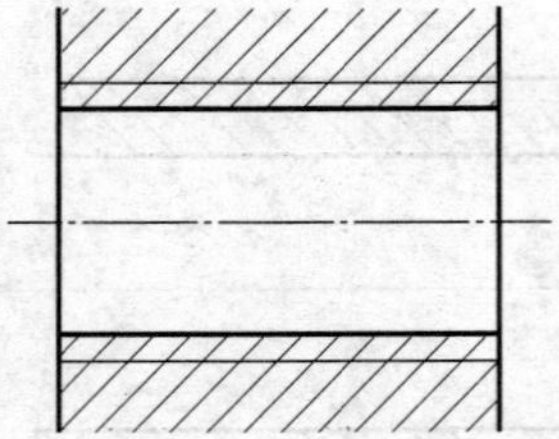

8.矩齿形螺纹，大径60 mm，螺距导程16 mm，双线，右旋。

班级　　　　姓名　　　　学号

7.3　根据标注的螺纹代号, 查表并填空说明螺纹的各要素

1.

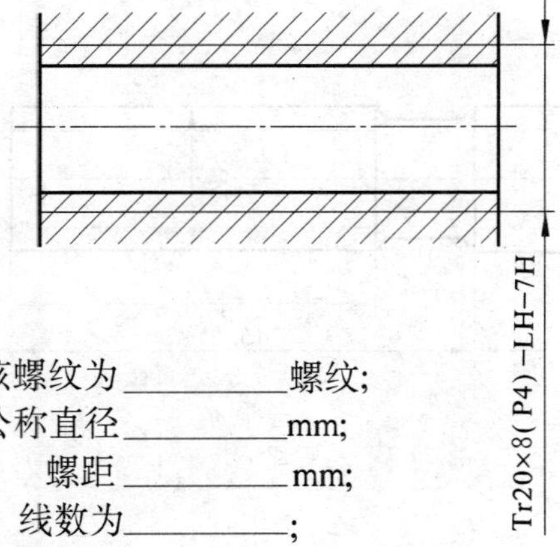

该螺纹为__________螺纹;
公称直径__________mm;
螺距__________mm;
线数为__________;
旋向为__________;
螺纹公差带__________。

2.

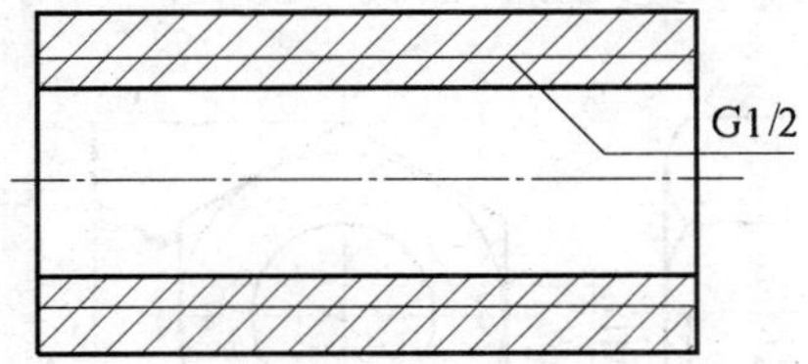

该螺纹为__________螺纹;
公称直径__________英寸;
大径为__________mm;
小径为__________mm;
螺距为__________mm。

7.4　根据给定的尺寸, 在下图中画出螺纹

1.外螺纹M20，螺纹长度30 mm。

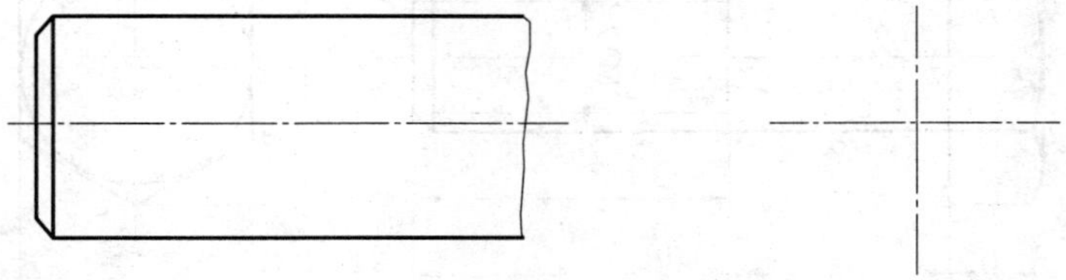

2.内螺纹M16，螺孔深度30 mm，孔口倒角$C1$。

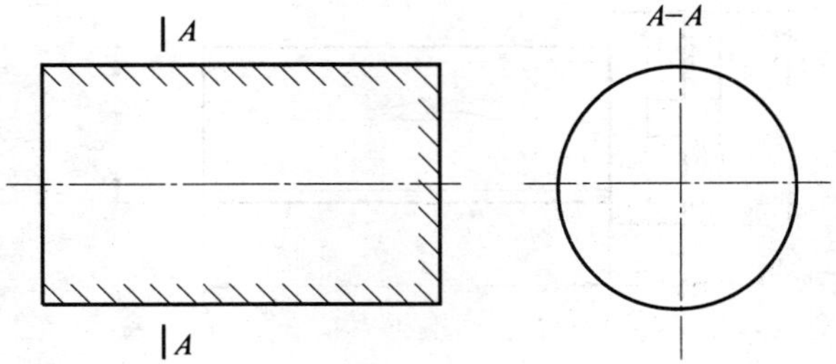

班级　　　　姓名　　　　学号

7.5 根据给定的标记，查表标注下列各标准件的尺寸

1.六角头螺栓–A级(GB/T 5782—2000)。

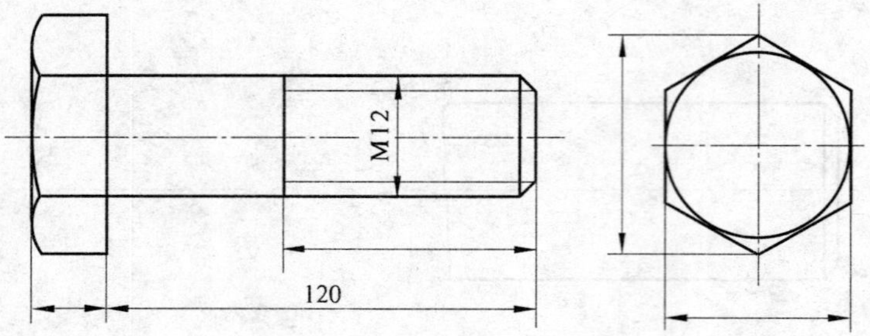

标记 ______

2.B型双头螺柱 b_m=1.25d(GB/T 898—2000)。

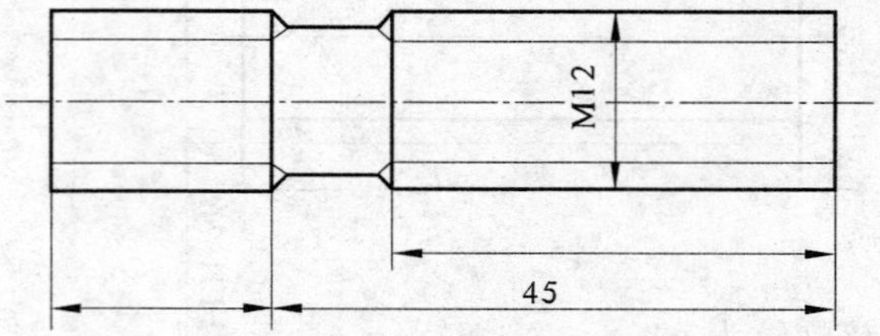

标记 ______

3.螺钉d=8，L=30(GB/T 65—2000)。

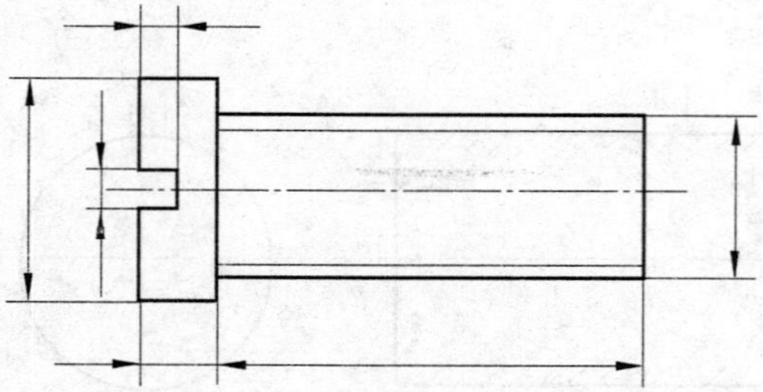

标记______

4.Ⅰ型六角螺母线–A级(GB/T 6170—2000)。

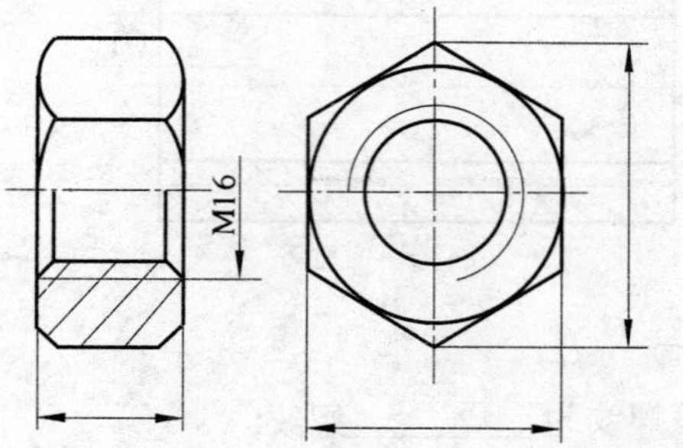

标记______

班级　　姓名　　学号

7.6 分析螺栓连接视图中的错误，把正确的填入括号内

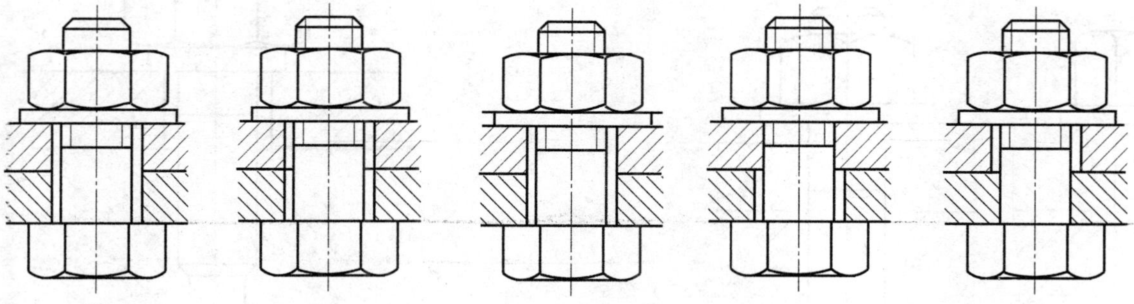

①　②　③　④　⑤

(　　)

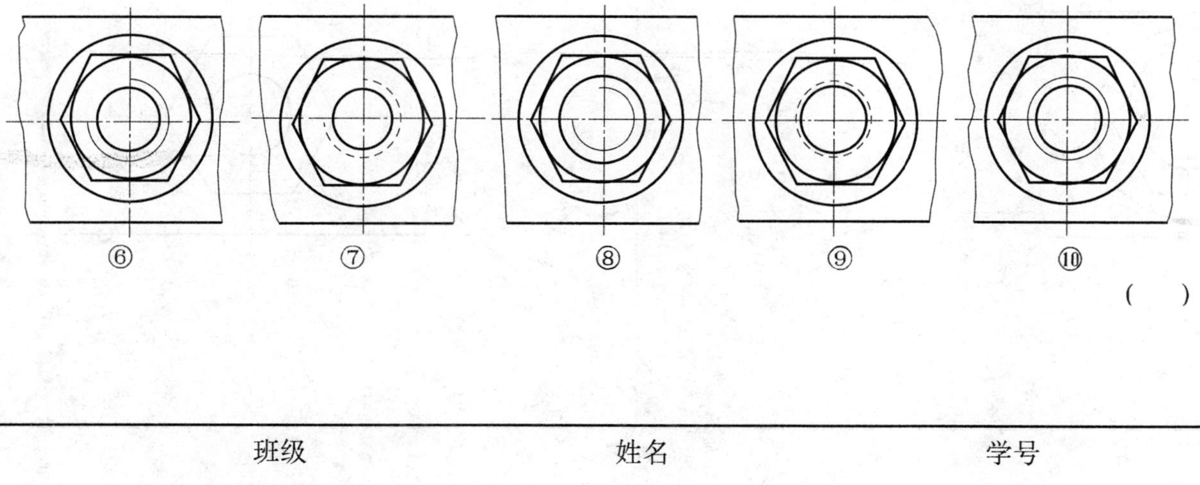

⑥　⑦　⑧　⑨　⑩

(　　)

班级　　姓名　　学号

7.7　分析螺栓连接、双头螺柱连接三视图，补全所缺的图线

1.

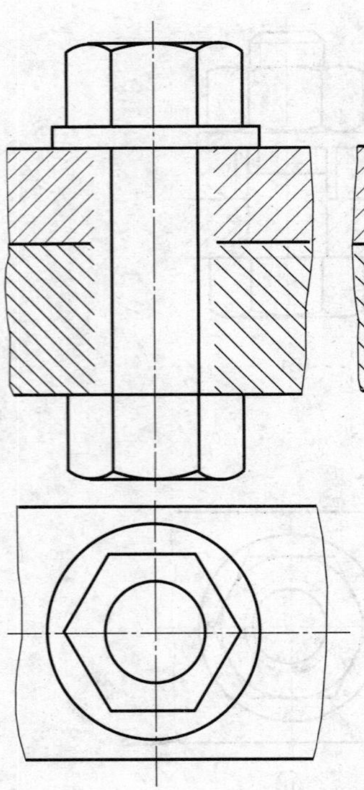

2.

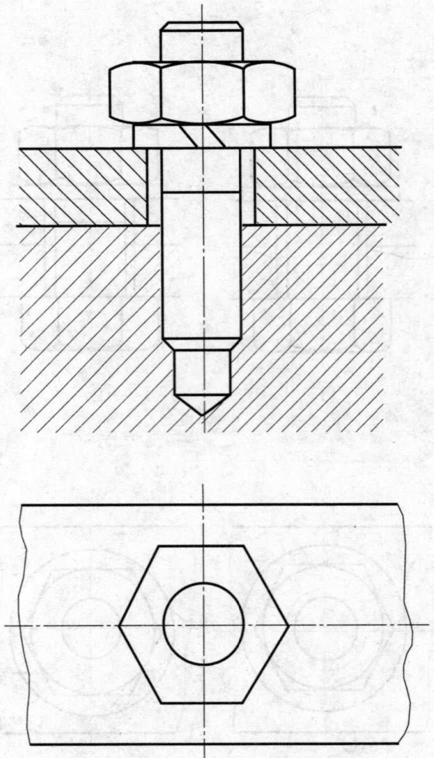

班级　　　　　　　　姓名　　　　　　　　学号

1.画出*A*–*A* 剖视图，并注全键槽的尺寸。

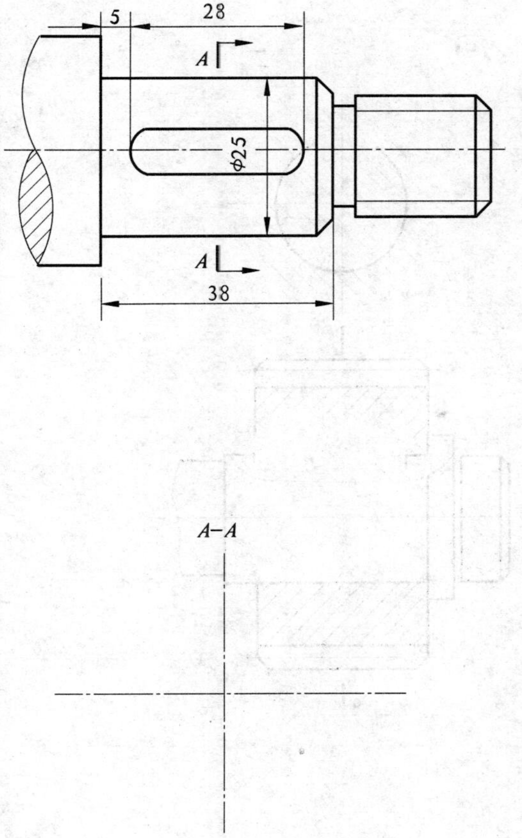

2.画出带轮的 *A* 向局部视图，并注全键槽的尺寸。

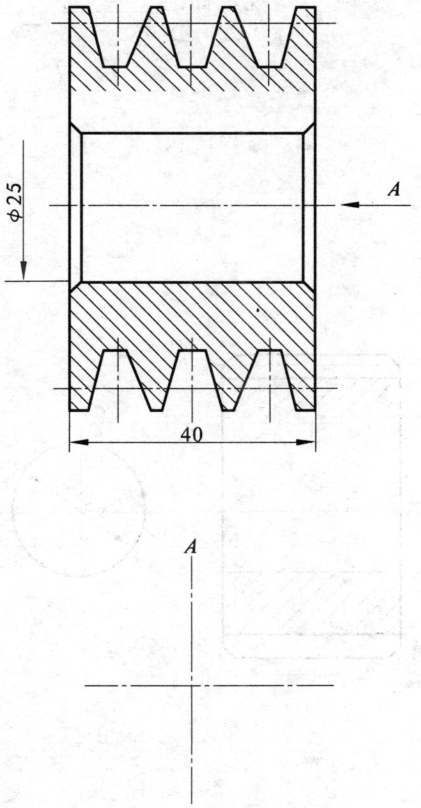

3.将轴和带轮用平键连接起来，画出其连接装配图，并写出平键的规定标记________。

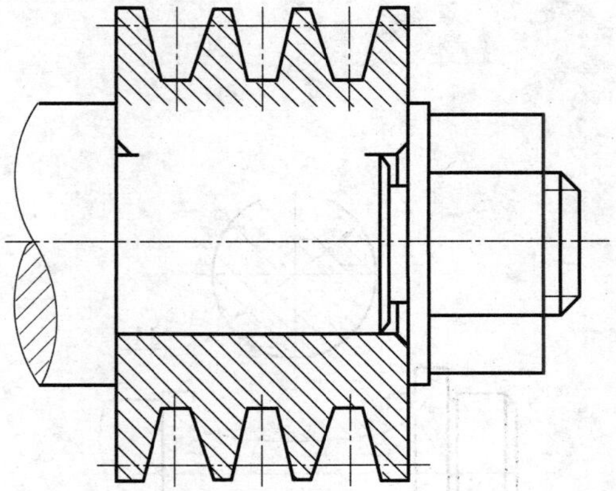

班级　　　　姓名　　　　学号

7.9 普通平键及其连接

在齿轮与轴间嵌入A型普通平键，轴孔直径为34 mm，键长为40 mm，试查表确定键和键槽的尺寸，写出键的规定标记，画全下列各视图，并标注键槽尺寸(1∶2)。

规定标记________________

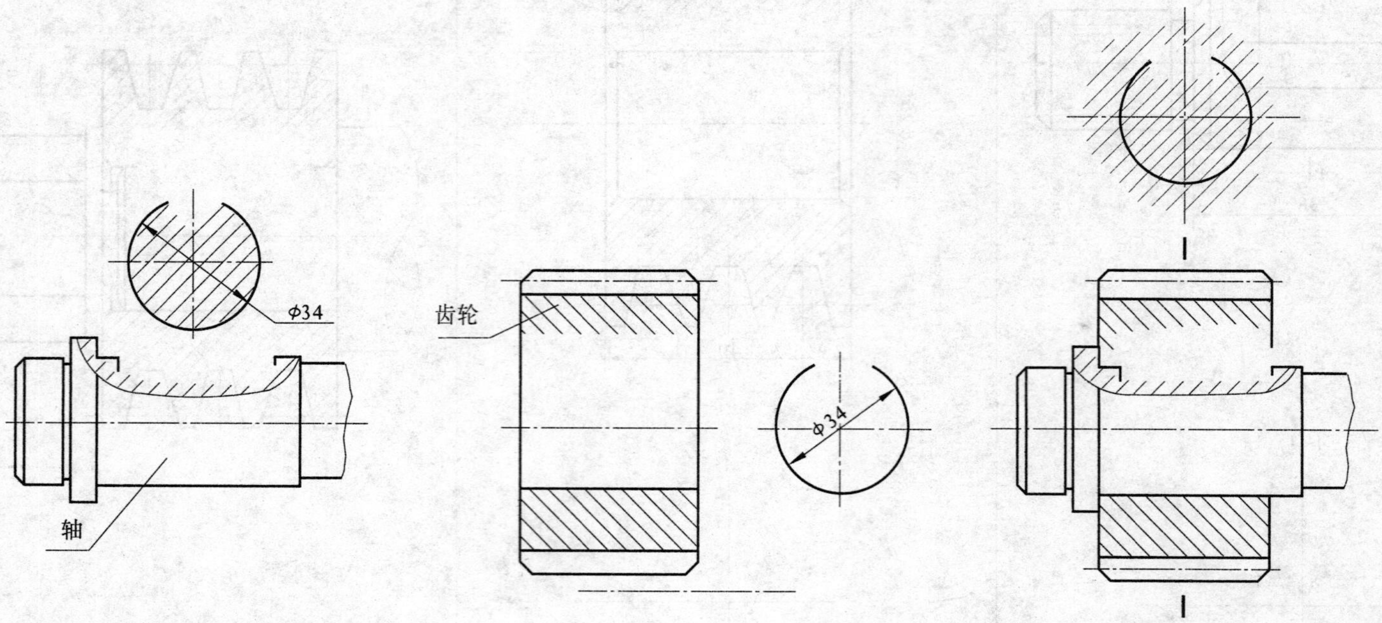

班级　　　　姓名　　　　学号

7.10 键与齿轮连接，完成其连接图

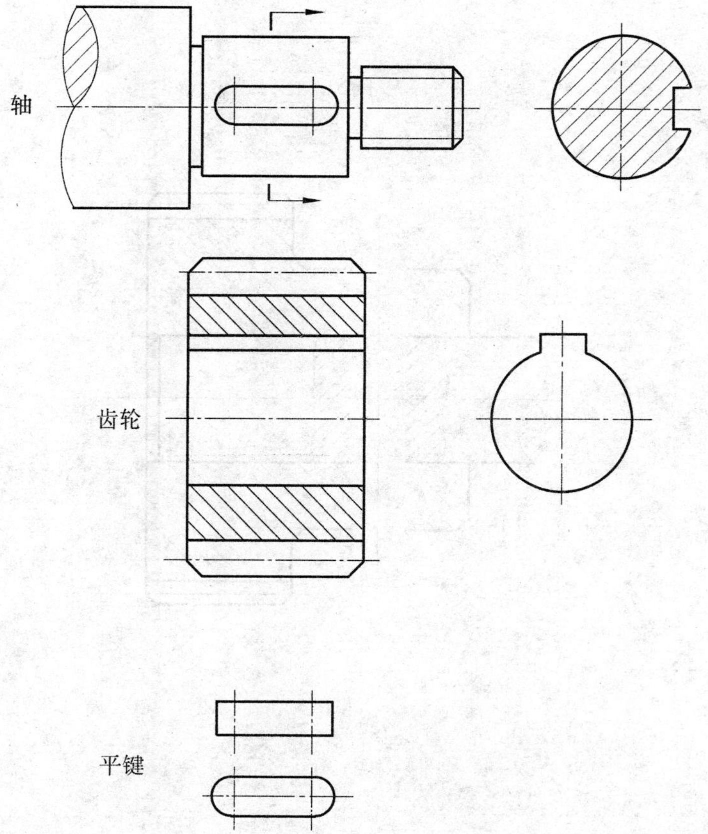

班级　　　　　　　　姓名　　　　　　　　学号

1.选出适当长度的$\phi5$ mm圆柱销, 画出其连接图, 标记 ________。

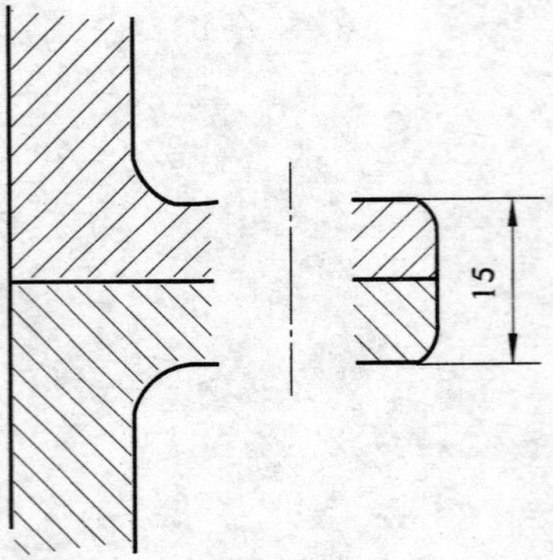

2.选出适当长度的$\phi3$ mm圆柱销, 画出其连接图, 标记 ________。

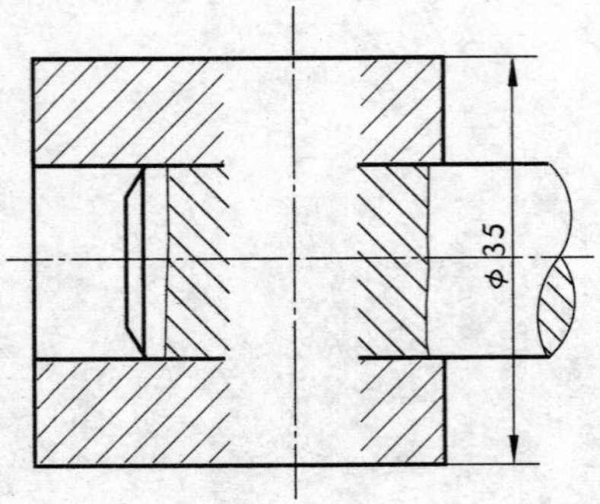

3.完成圆柱销连接图, 销GB/T 119.2 10×50。

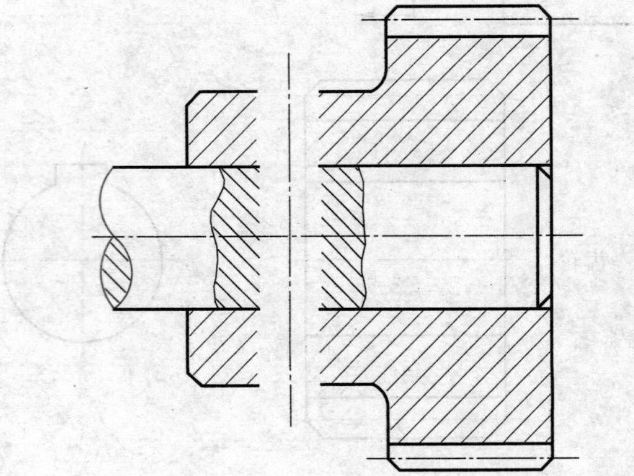

班级 姓名 学号

7.12 已知直齿圆柱齿轮 $m=3$ mm, $z=30$, 计算轮齿各部分尺寸(轮齿倒角$C1$), 并完成齿轮的两面视图

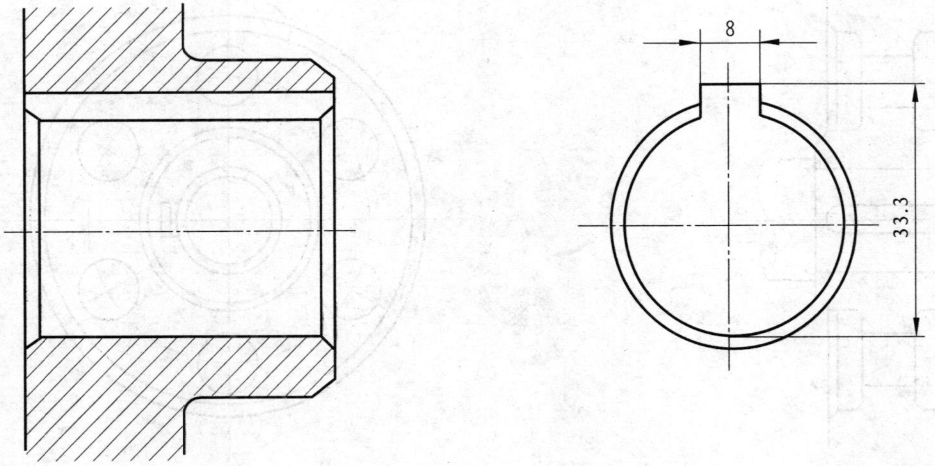

班级 姓名 学号

7.13 已知大齿轮 m=2 mm, z=40, 两齿轮的中心距 a=60 mm, 试计算齿轮的有关尺寸, 并完成啮合图

班级　　　　　　　　姓名　　　　　　　　学号

7.14 滚动轴承与弹簧

1.查表确定滚动轴承的尺寸，在轴端画出轴承与轴的装配图。

(1) 滚动轴承6305GB/T 276—1994，规定画法绘制。

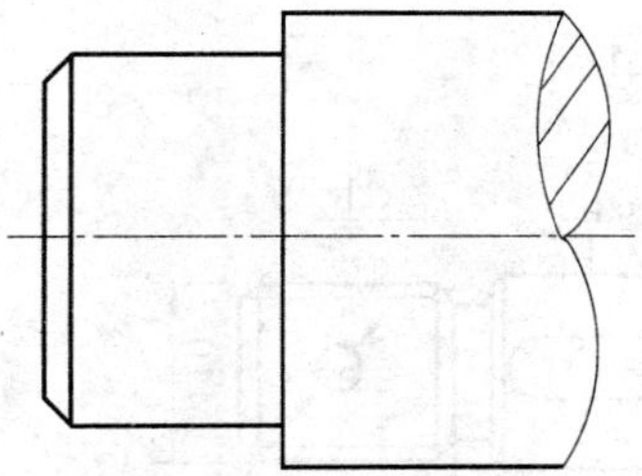

(2) 滚动轴承30305GB/T 297—1994，简化画法绘制。

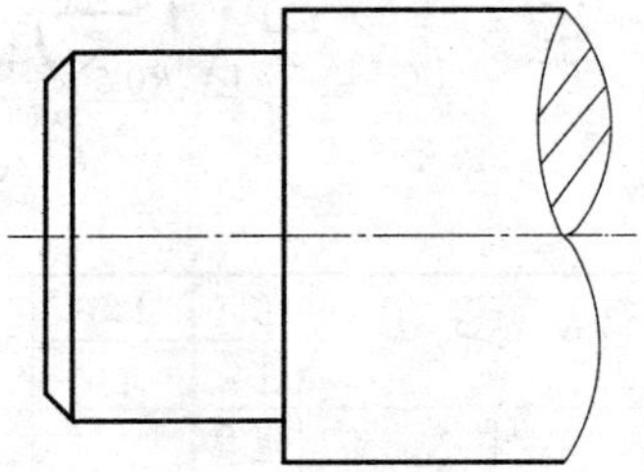

2.已知圆柱螺旋压缩弹簧的弹簧丝直径为5 mm，弹簧外径为60 mm，节距为10 mm，自由高度为90 mm，支撑圈数为2.5圈，右旋。试用1:1比例画出弹簧的全剖视图，并标注尺寸。

3.指出下图中哪一个是右旋弹簧，哪一个是左旋弹簧。

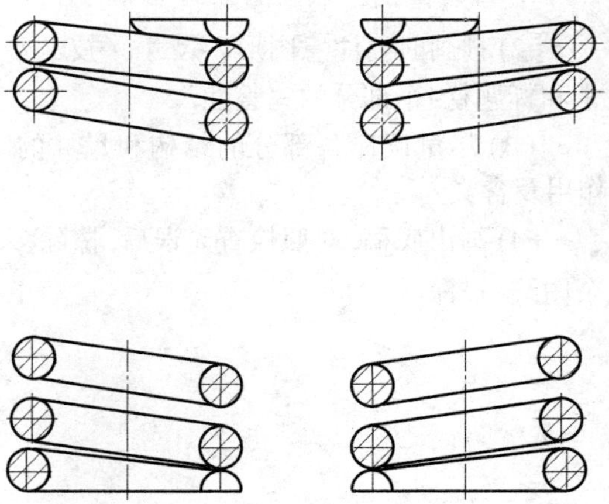

______旋弹簧　　　　______旋弹簧

班级　　　　姓名　　　　学号

8.1　No5　抄画零件图

No5　作业指导书

1.抄画指定的零件图, 选用A3图幅, 比例为自定。

2.(1) 抄画前应熟读图上的全部内容;

(2) 抄画时要注意图形、尺寸、 技术要求和标题栏4个部分的完整性;

(3) 尽量读懂各部分的结构和尺寸的作用及含义;

(4) 画出底稿, 对照检查无误后, 擦除多余图线, 描深。

1.

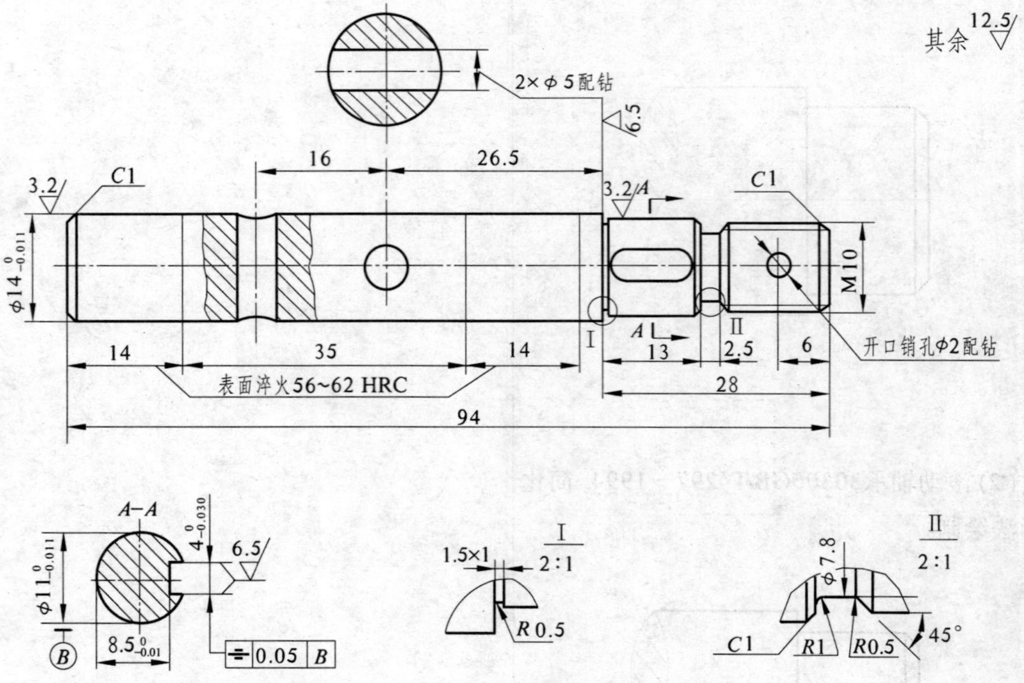

技术要求

1.调质处理26~31 HRC。

2.去毛刺处理。

泵　轴			比例	1:1	02-01
			件数	1	
制图			重量		45
描图			(学校　班级)		
审核					

班级　　　　姓名　　　　学号

2.

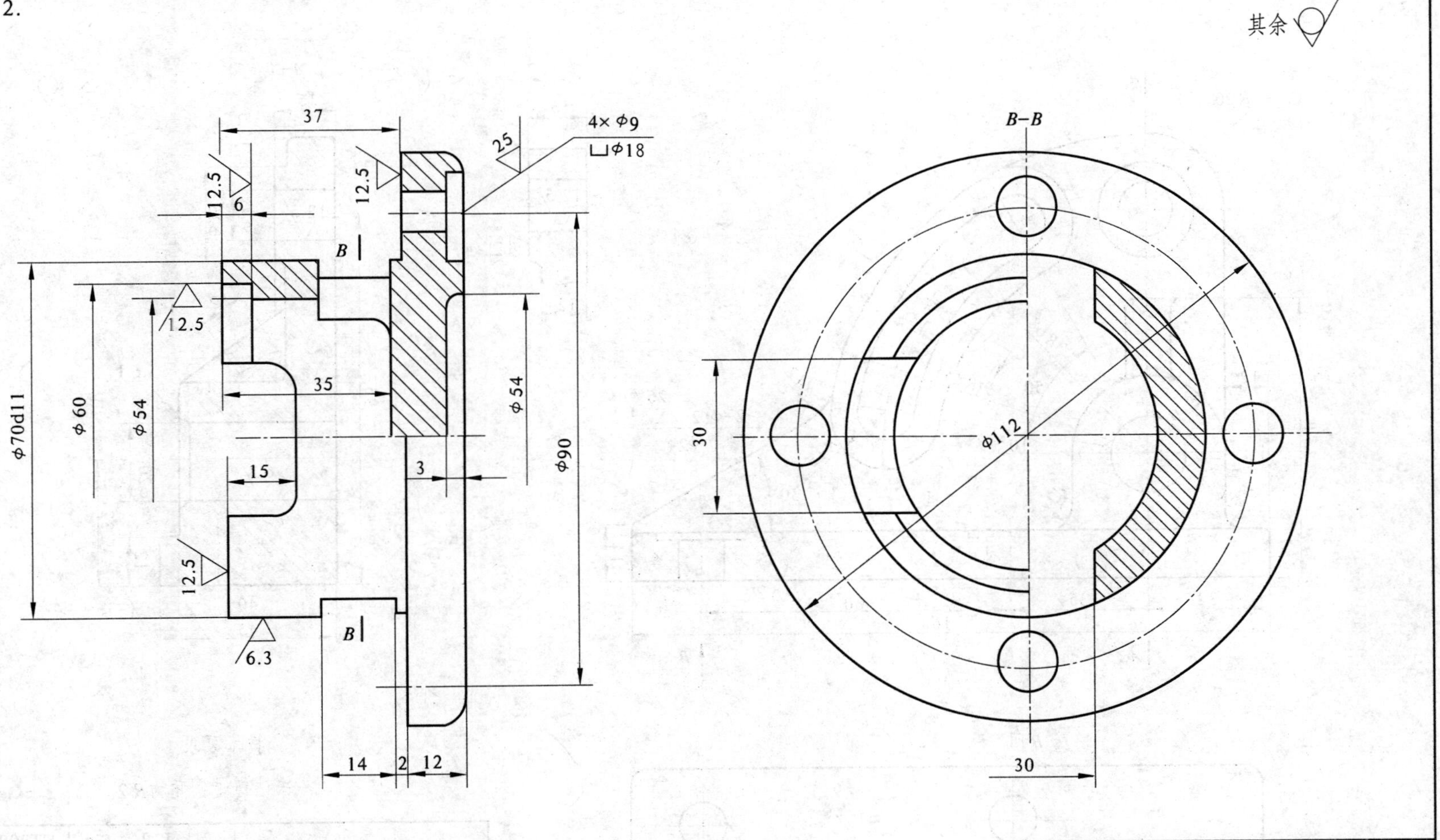

技术要求

1.未注圆角*R*3。

2.铸件不得有气孔、裂纹等缺陷。

端 盖		比例	1:1	材料	HT150
		数量		(图 号)	
制图		重量			
描图		(学校 班级)			
审核					

班级　　姓名　　学号

3.

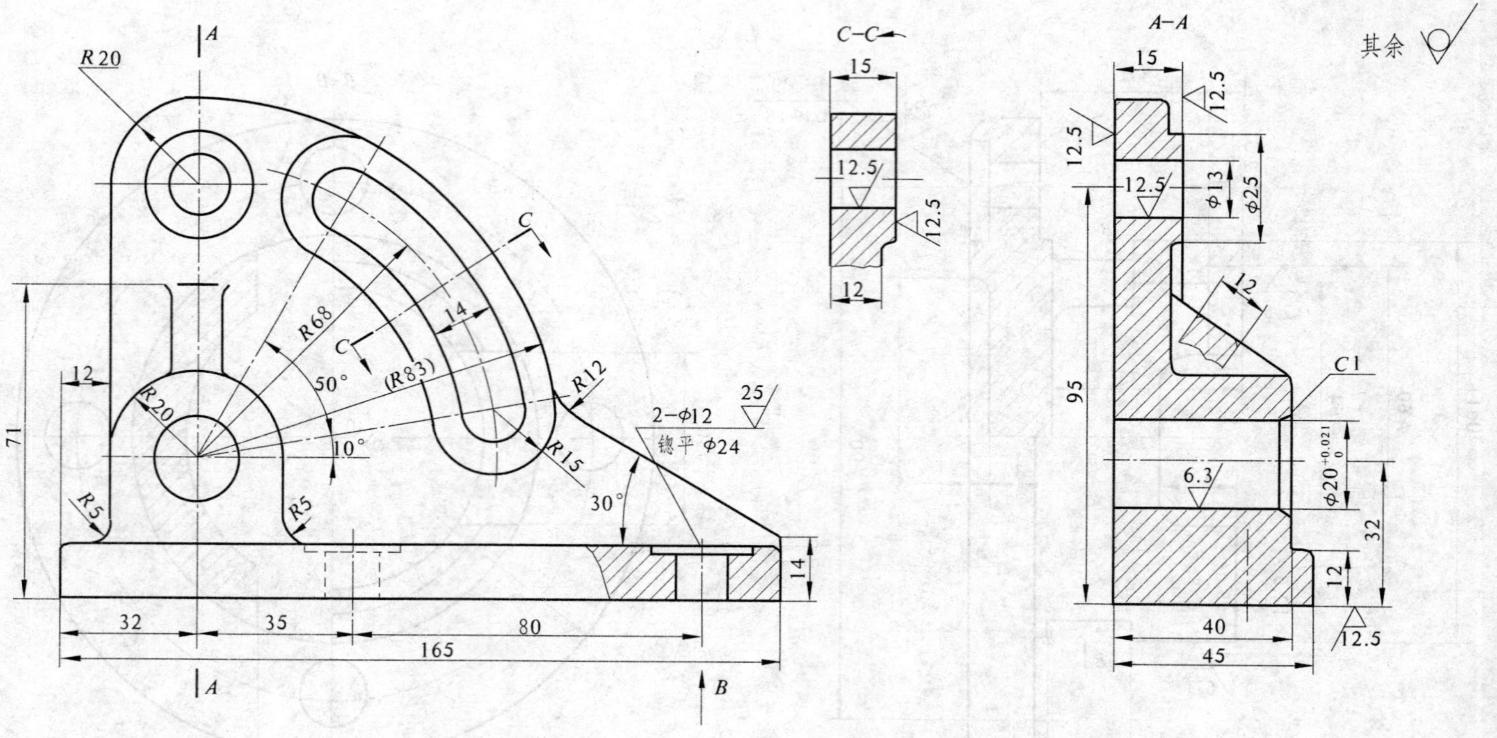

B 向

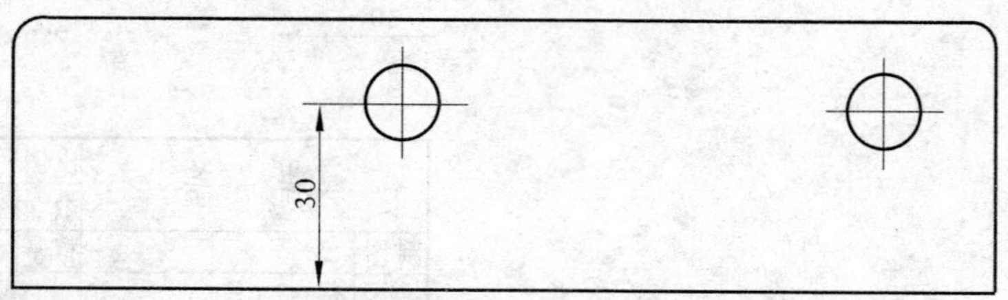

技术要求

未注铸造圆角为$R2$。

托　架		比例	1:2	材料	HT200
		数量		(图号)	
制图		重量			
描图		(学校　班级)			
审核					

班级　　姓名　　学号

4.

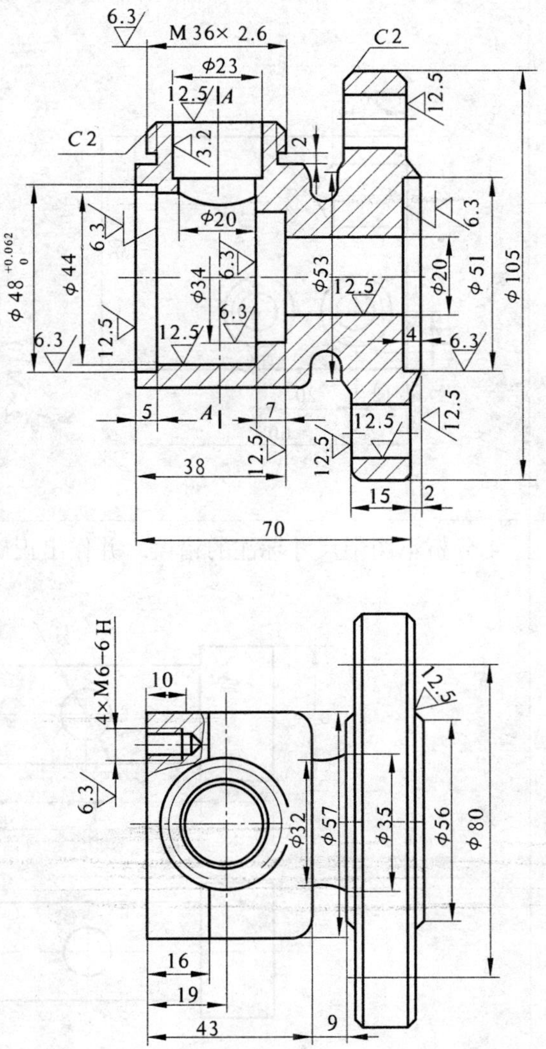

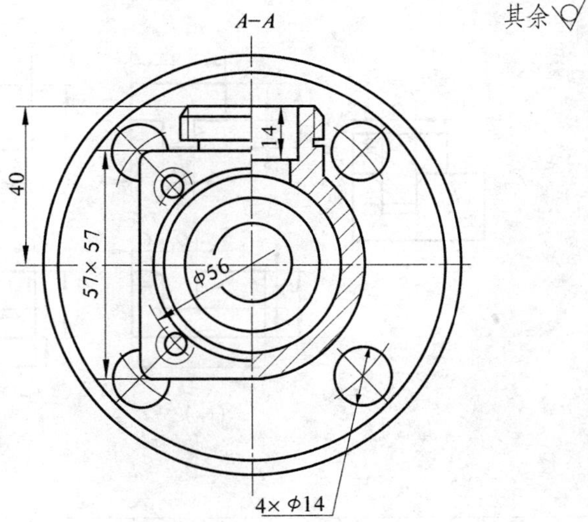

其余

技术要求

1. 时效处理，消除内应力。
2. 未注铸造圆角$R2\sim R3$。

阀　体		比例	1:1	材料	ZG230
		数量		（图号）	
制图		重量			
描图		（学校　班级）			
审核					

班级　　　　姓名　　　　学号

8.2 尺寸分析

1.分析两零件的结合尺寸D，在两方案中选择正确的。

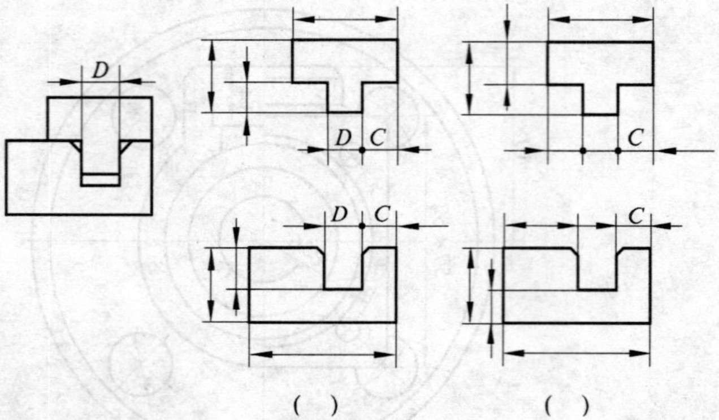

2.指出零件的长、宽、高三个方向的主要尺寸基准和辅助尺寸基准。

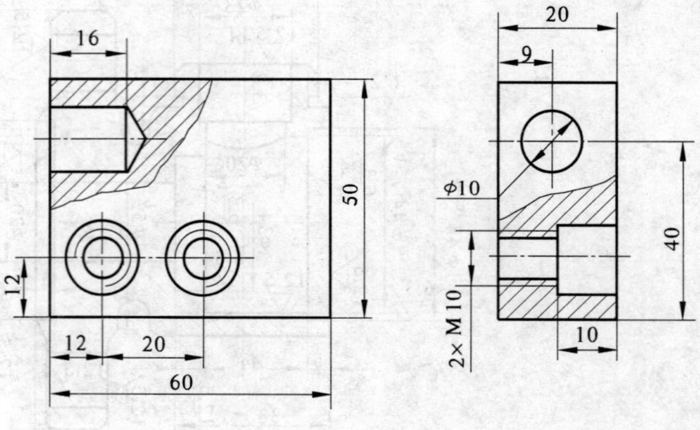

3.分析下图中尺寸标注的错误。

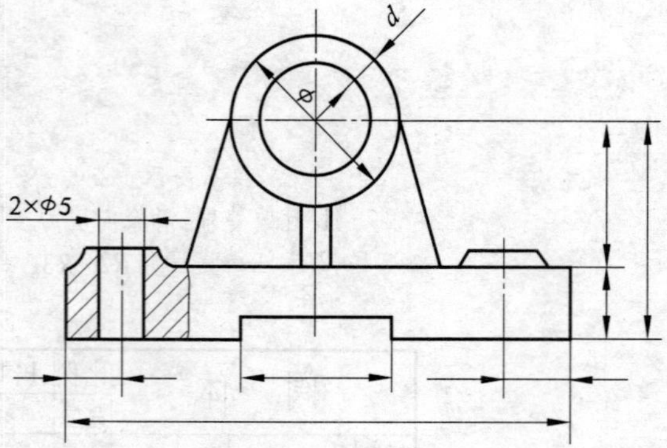

4.分析下图中尺寸标注的错误，并作出正确标注。

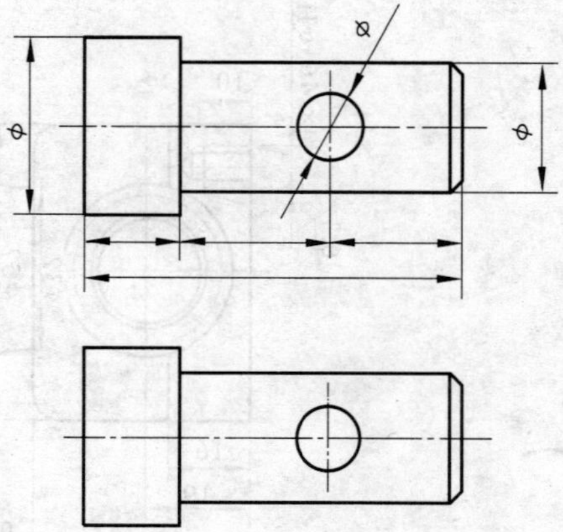

班级　　　　　　　　姓名　　　　　　　　学号

8.3　标注零件尺寸，尺寸大小从图中按1:1量取。

1.

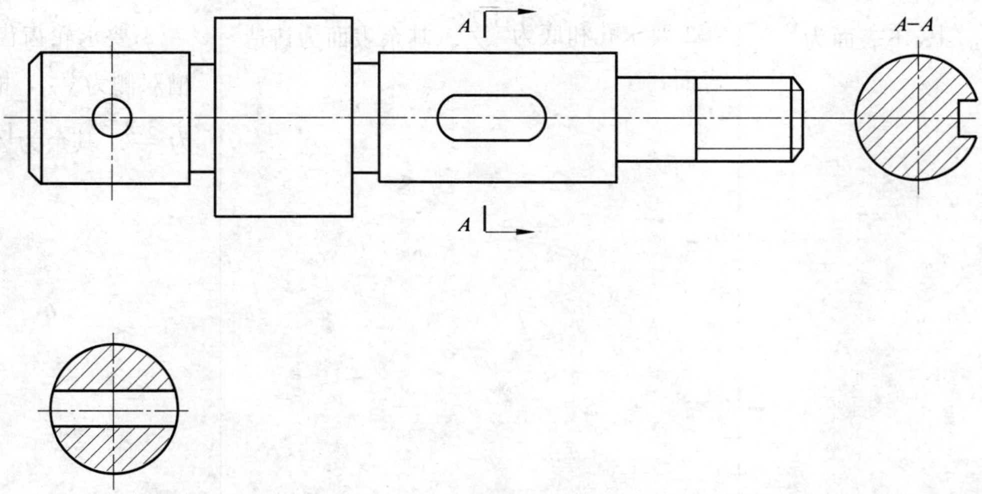

2.

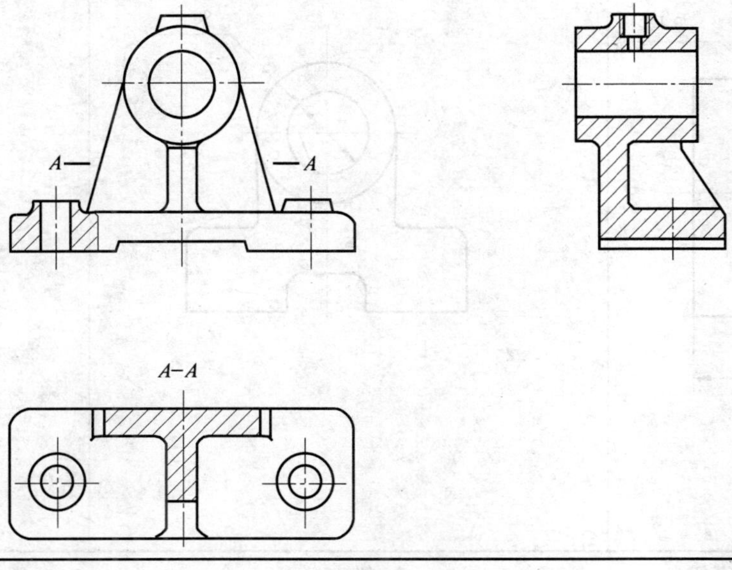

班级　　　　　　　　姓名　　　　　　　　学号

8.4 根据给定要求,标出其表面粗糙度

1.要求左、右表面为 $\overset{3.2}{\bigtriangledown}$，上、下表面为 $\overset{6.3}{\bigtriangledown}$，孔为 $\overset{1.6}{\bigtriangledown}$。

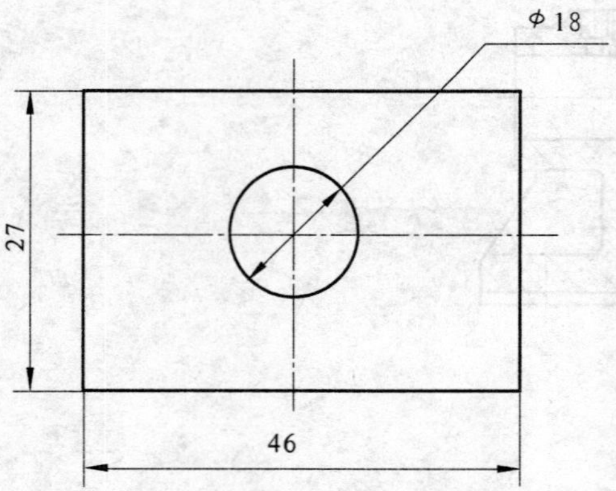

2.要求孔和底为 $\overset{3.2}{\bigtriangledown}$，其余表面为铸造表面。

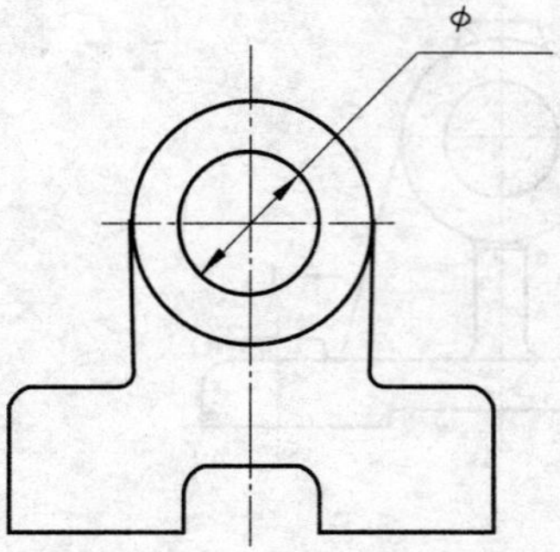

3.要求轮齿齿侧(工作表面)为 $\overset{0.8}{\bigtriangledown}$，槽双侧为 $\overset{3.2}{\bigtriangledown}$，槽底为 $\overset{6.3}{\bigtriangledown}$，轴孔和两端为 $\overset{3.2}{\bigtriangledown}$，其余为 $\overset{12.5}{\bigtriangledown}$。

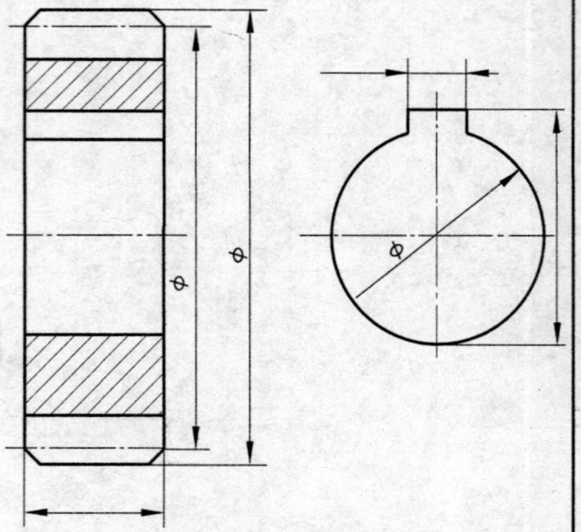

班级　　　　姓名　　　　学号

8.5 下图中所注的表面粗糙度有哪些错误？并标注出正确的

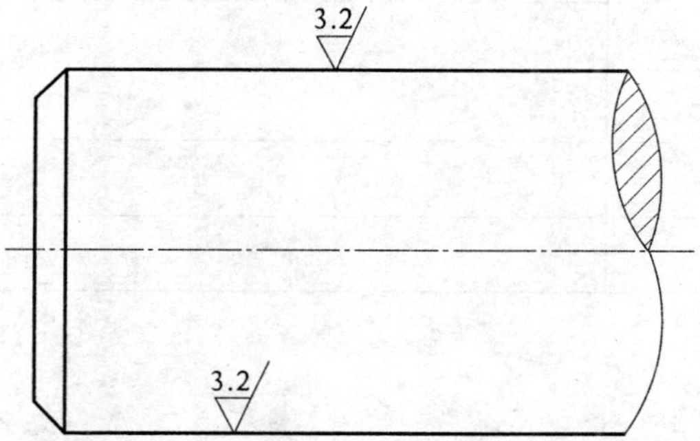

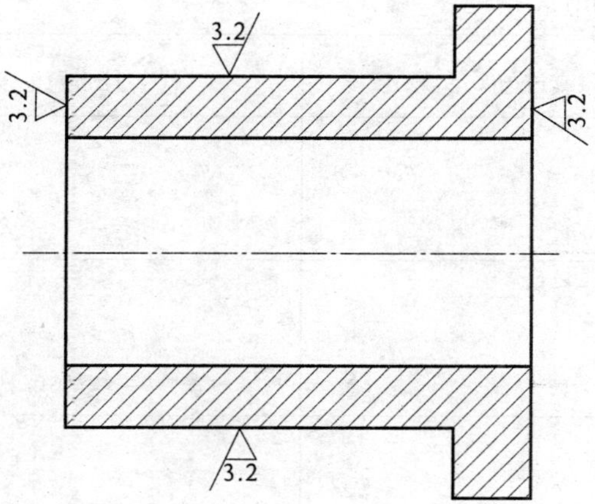

班级　　姓名　　学号

8.6 根据所给条件，填写表内空格

1.根据代号查出标准公差与基本偏差，计算偏差值、极限尺寸，并说明代号意义(单位：mm)。

代 号	标准公差	上偏差	下偏差	最大极限尺寸	最小极限尺寸	代 号 意 义
ϕ25H7						
ϕ50G7						
ϕ50f7						
ϕ10r6						

2.根据代号查出孔、轴的上、下偏差值，计算间隙或过盈，并说明代号意义(单位：mm)。

代 号	孔、轴的上、下偏差		间隙或过盈	代 号 意 义
ϕ50H8/f7	孔	ϕ50		
	轴	ϕ50		
ϕ50H7/s6	孔	ϕ50		
	轴	ϕ50		
ϕ50H7/k6	孔	ϕ50		
	轴	ϕ50		
ϕ50H7/h6	孔	ϕ50		
	轴	ϕ50		

班级 姓名 学号

8.7　解释配合代号的含义，查表得到偏差值后标注在零件图上

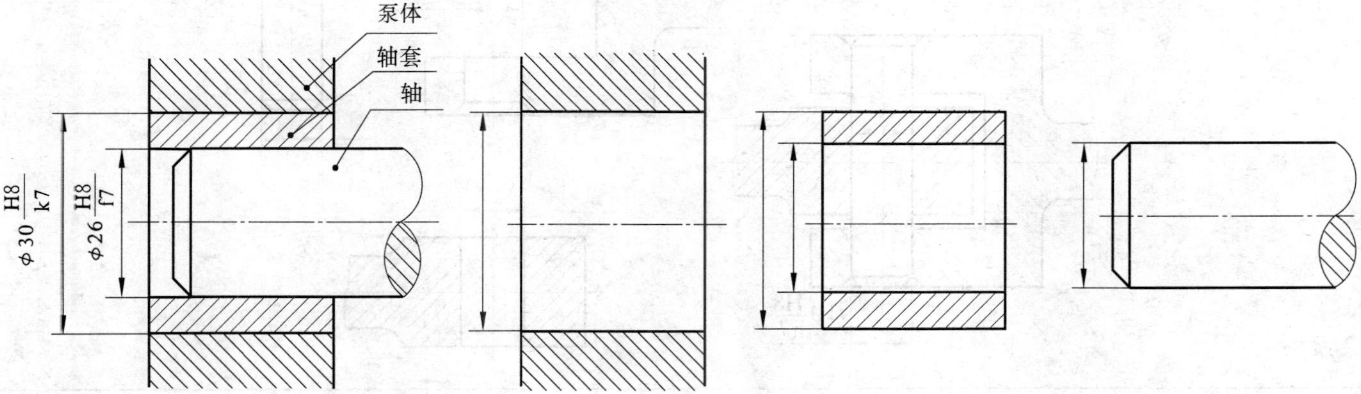

(1) 轴套与泵体孔$\phi 30\frac{H8}{k7}$

基本尺寸________，基________制；
公差等级：轴IT________级，孔IT________级，________配合；
轴套：上偏差________，下偏差________；
泵体孔：上偏差________，下偏差________。

(2) 轴套与轴$\phi 26\frac{H8}{f7}$

基本尺寸________，基________制；
公差等级：轴IT________级，孔IT________级，________配合；
轴套：上偏差________，下偏差________；
轴：上偏差________，下偏差________。

班级　　　　　　　　姓名　　　　　　　　学号

8.8　根据配合代号在零件图上用偏差值的形式分别标出孔和轴的尺寸公差

1.

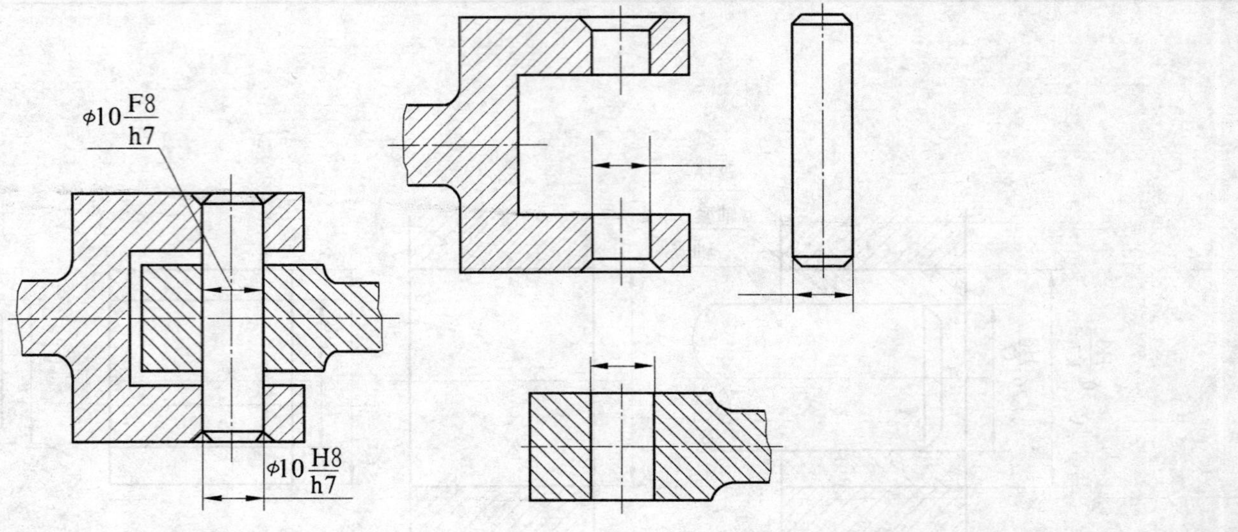

2.

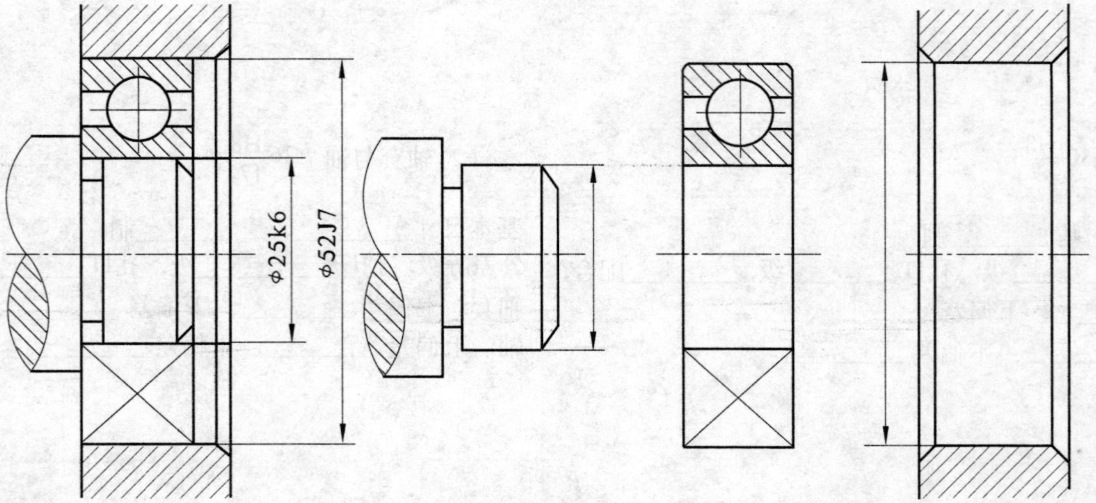

班级　　　　　　　　　姓名　　　　　　　　　学号

8.9 在图样中标注形位公差

1.

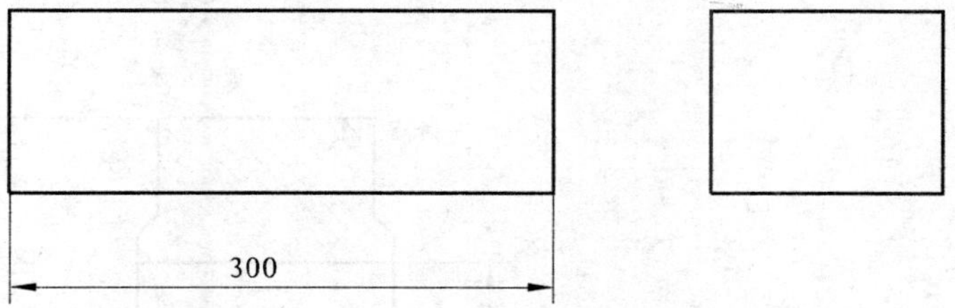

顶面的平面度公差 0.03 mm

2.

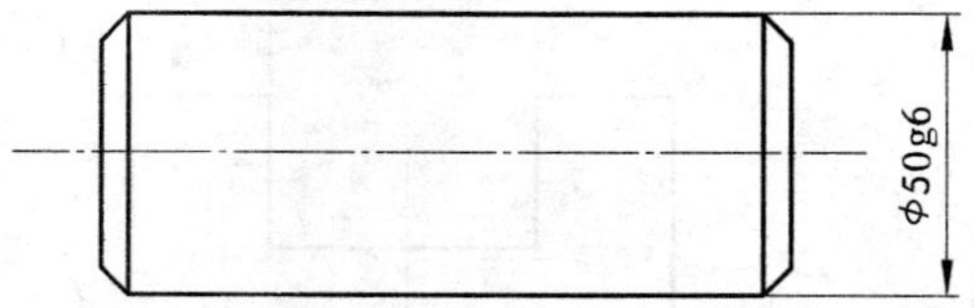

φ50g6 的圆柱度公差 0.01 mm

3.

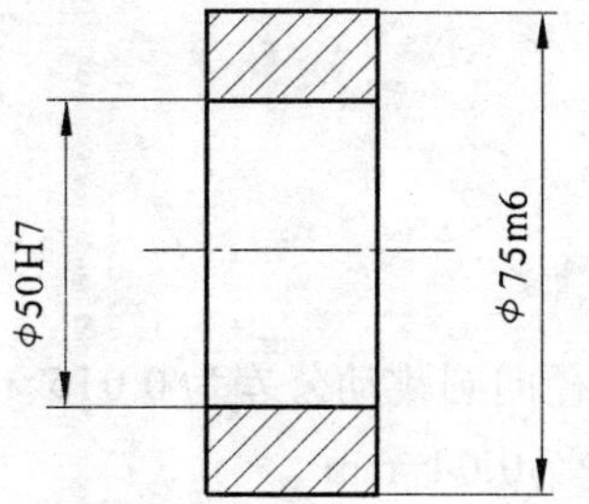

φ75m6 对 φ50H7 的同轴度公差 0.025 mm

φ50H7 轴线对右端面的垂直度公差 0.04 mm

4.

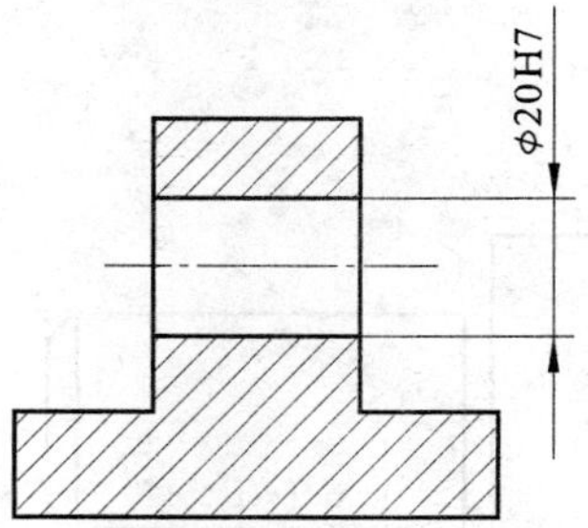

φ20H7 轴线对底面的平行度公差 0.02 mm

班级　　　　姓名　　　　学号

8.9（续）

5.

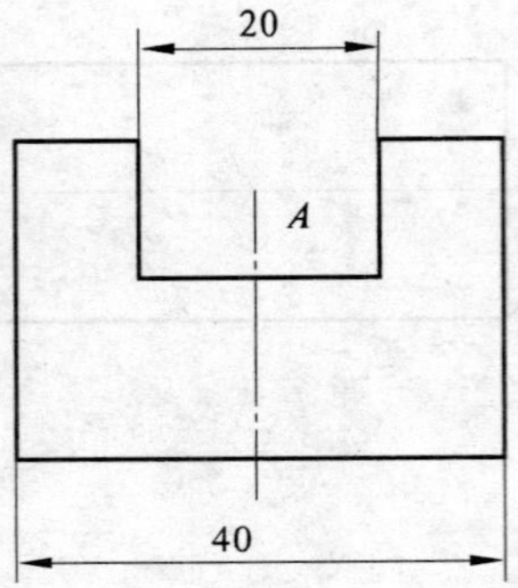

槽 A 对距离40 的两平面对称度公差为0.06 mm

6.

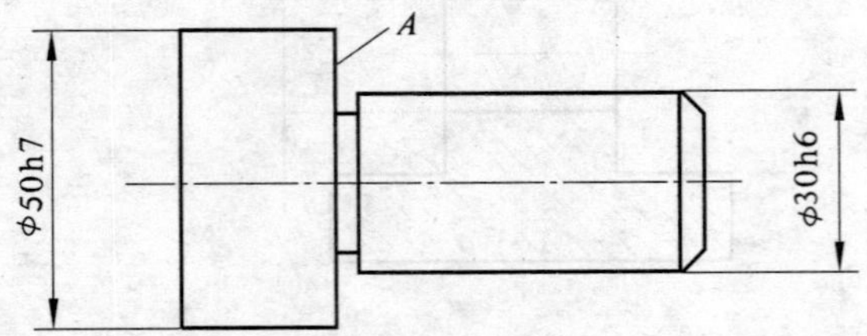

ϕ50h7对ϕ30h6 的径向圆跳动公差为0.02 mm, 端面A对ϕ30h6 轴线的端面圆跳动公差为0.04 mm

7.

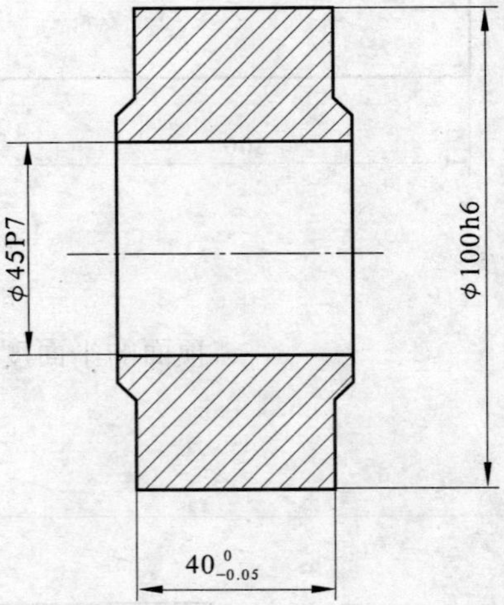

ϕ100h6对ϕ45P7的径向圆跳动公差为 0.015 mm

ϕ100h6的圆度公差为0.04 mm

右端面对左端面的平行度公差为0.01 mm

班级　　　　姓名　　　　学号

1.读套筒的零件图，并回答问题。

(1) 补画左视图(6个螺孔位置均布)。

(2) 在图中标出轴向和径向的主要尺寸基准。

(3) 套筒零件图采用了哪些表达方法？各视图表达的重点是什么？

(4) 解释 6×M6↧8 的意义。

(5) 解释ϕ132±0.2，ϕ60H7，ϕ95h6 的意义，并查出其公差带代号或其标准公差值。

(6) 下列尺寸属于哪种类型尺寸(定形、定位)？

142± 0.1:　　　　36:

49:　　　　67:

(7) 说明图中形位公差意义:

◎ϕ0.04 B

(8) 图中有几种表面粗糙度要求？从高到低依次排序是:

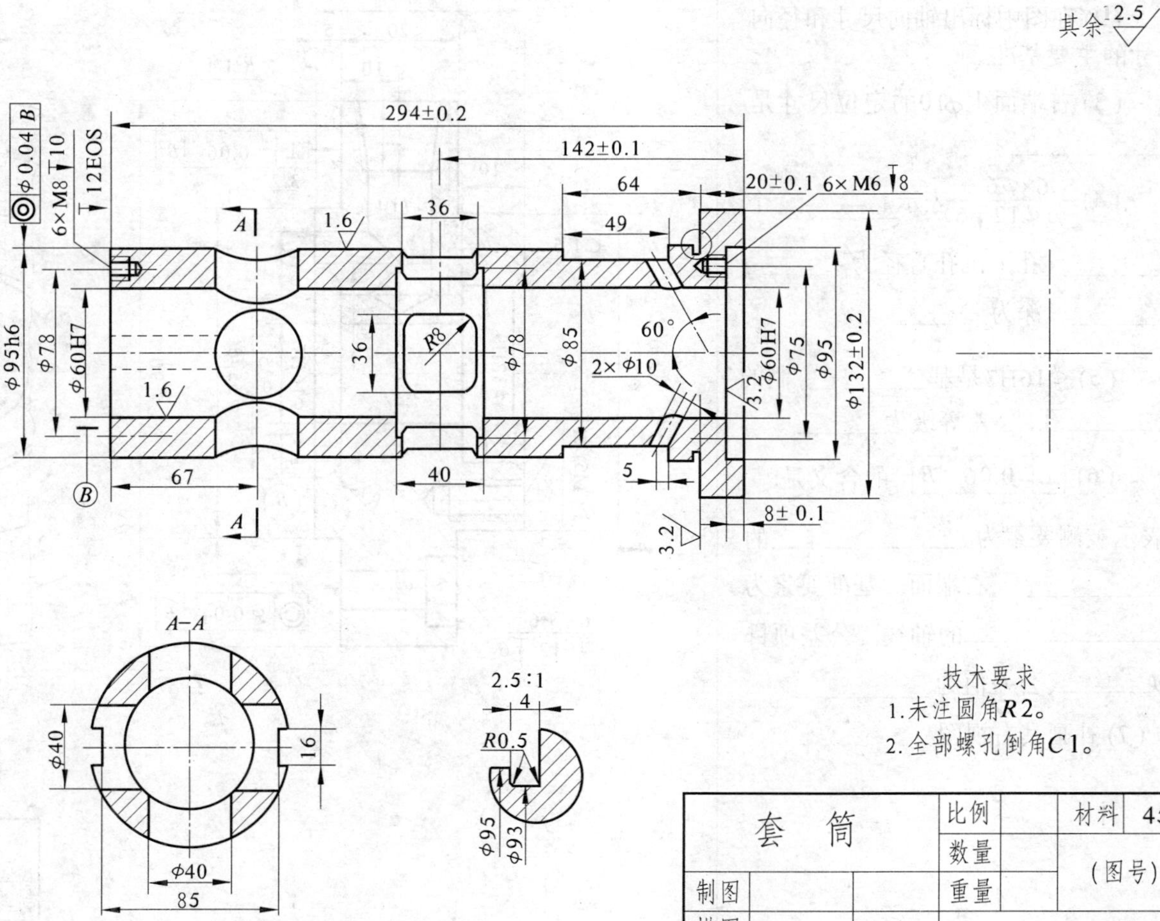

技术要求

1.未注圆角R2。

2.全部螺孔倒角C1。

套　筒		比例		材料	45
		数量		(图号)	
制图		重量			
描图		(学校　班级)			
审核					

班级　　　　姓名　　　　学号

2.读零件图，回答问题。

（1）主视图采用了 ____________ 剖视图。

（2）在图中标出轴向尺寸和径向尺寸的主要基准。

（3）右端面上ϕ10的定位尺寸是 ____________。

（4）$\frac{6\times\phi 6}{⌴\phi 12 ↧ 6}$表示 ________ 个 ________ 孔，沉孔直径为 ________，深为 ______。

（5）ϕ16H7是基 ________ 制的 ________ 孔，公差等级为 ________。

（6）| ⊥ | 0.06 | B | 的含义是：

表示被测要素为 ____________ 的 ____________ 右端面，基准要素为 ____________ 的轴线，公差项目为 ______，公差值为 ________。

（7）补画其右视图。

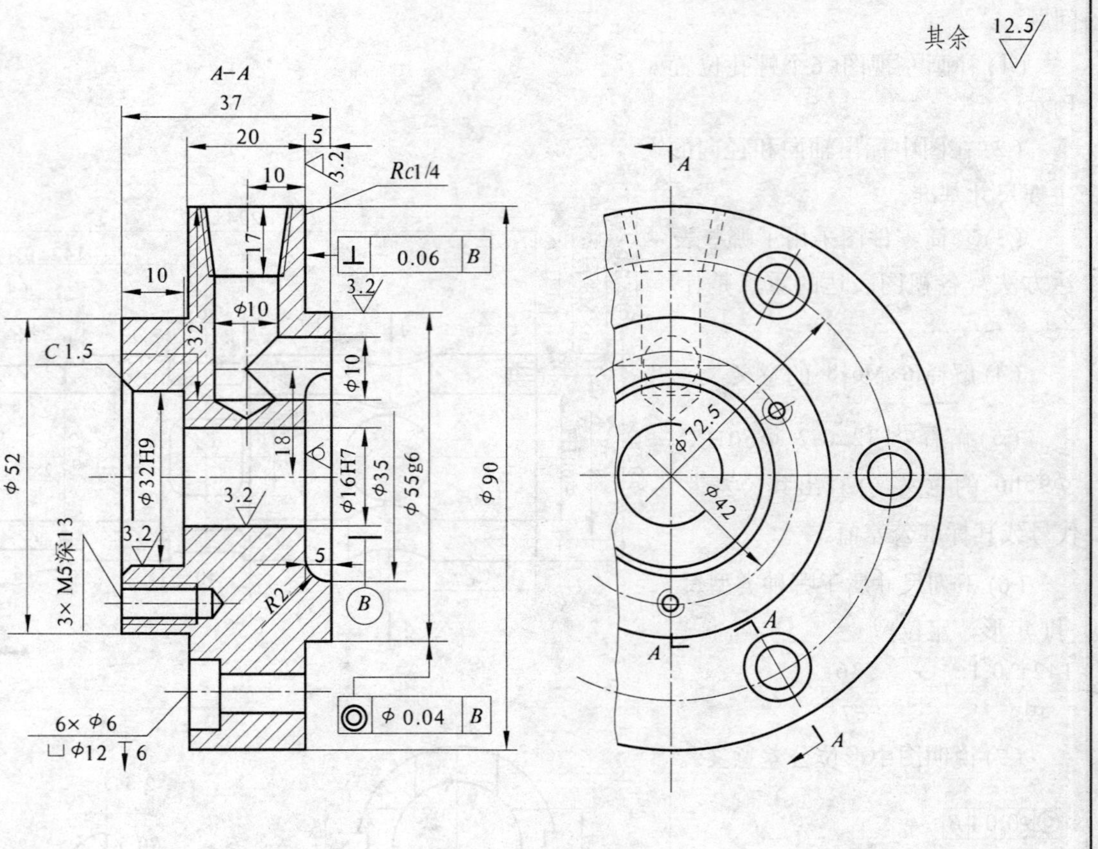

泵　盖			比例	1:2	材料	HT200
			数量	1	（图　号）	
制图			重量			
描图			（学校　班级）			
审核						

班级　　　　　　　　姓名　　　　　　　　学号

3.(1) 在图中标出零件的主要尺寸基准。

(2) 零件用了____个视图，其中基本视图是 ____ 视图、______视图，____个断面图，1个_____视图，主视图采用_______视图。

(3) 此零件的连接部分是一个梯形肋板，肋板厚度分别为_____和__________。

(4) M6−6H 的定位尺寸是_________，ϕ9沉孔的定位尺寸是__________。

(5) ⊥ 0.04 B 的含义：被测要素为_____，基准要素为_____，公差项目为______，公差值为______。

(6) $\phi10^{+0.027}_{0}$ 基本尺寸是_____，上偏差是_______，下偏差是_______，公差是________。

(7) 画出 C 向局部视图。

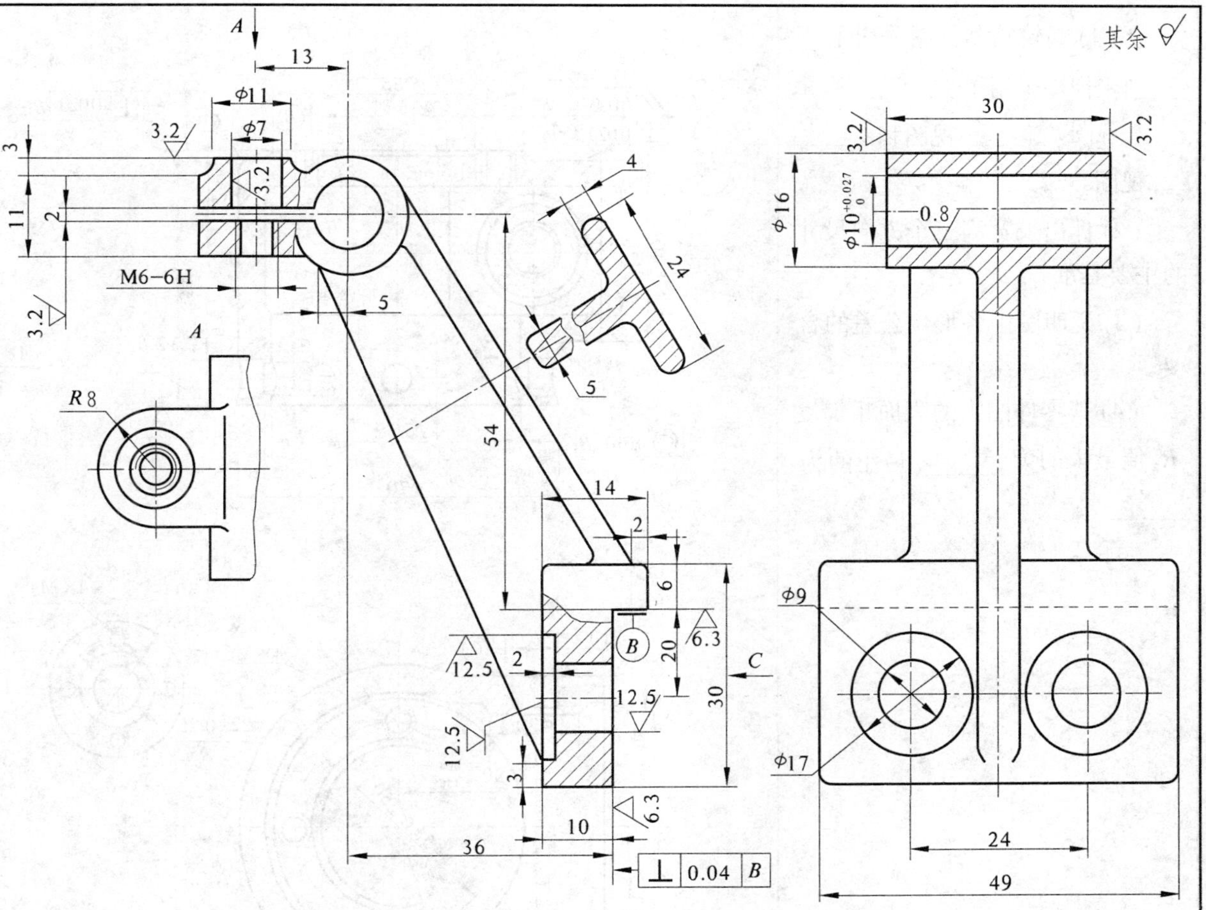

托　架		比例	1:2	材料	HT200
		数量		（图　号）	
制图		重量			
描图		（学校　班级）			
审核					

4.(1) 蜗轮箱零件图采用了______个图形，采用了______视图、______视图、______视图和______视图。

(2) 标出长宽高三个方向尺寸的主要基准。

(3) 说明图中各形位公差的含义。

(4) 其零件图上的表面粗糙度 R_a 值最大的为______，最小的为______。

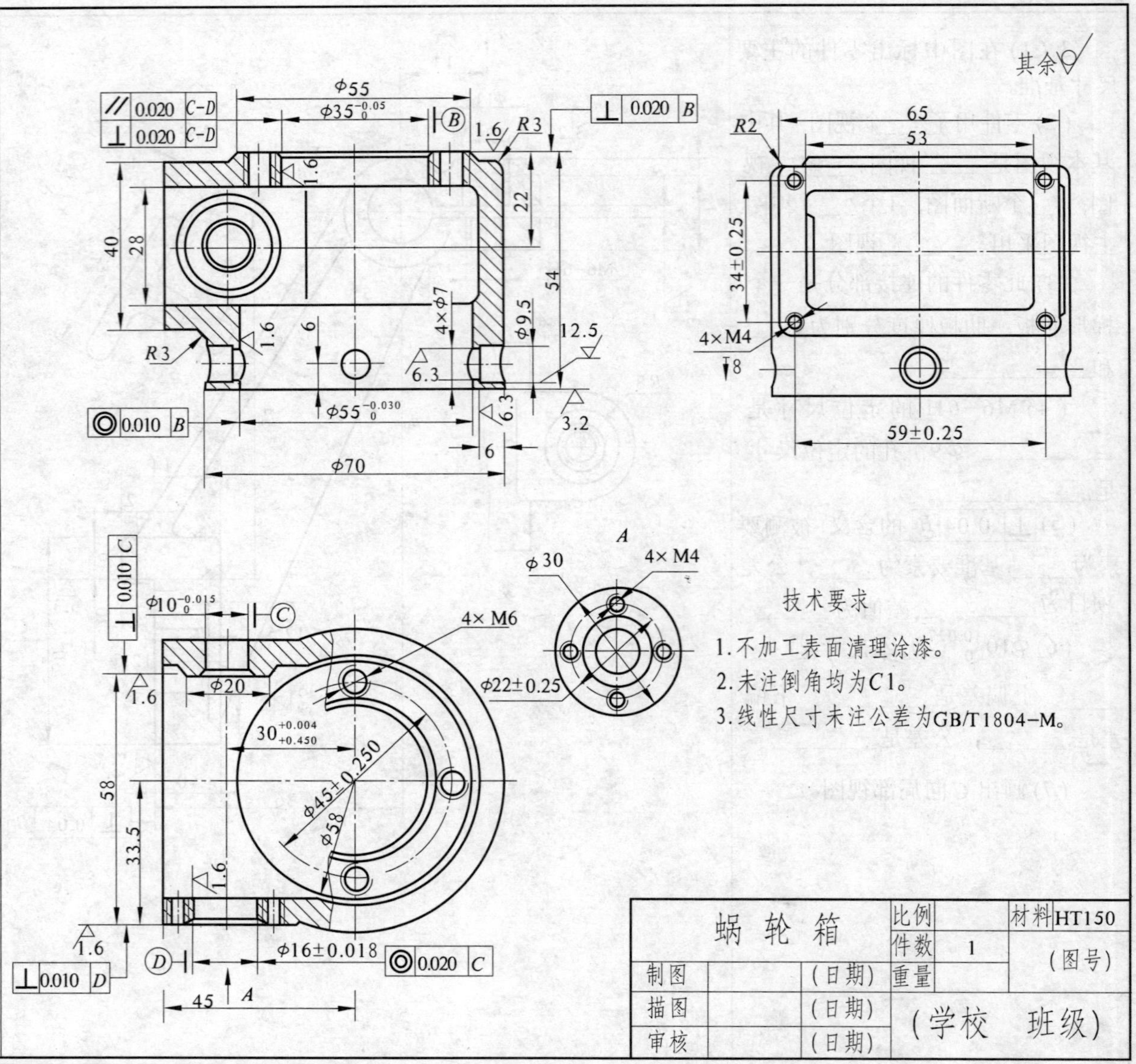

班级　　　　姓名　　　　学号

№6 作业指导书

一、作业目的

1.熟悉和掌握绘制零件工作图的基本方法与步骤。

2.综合运用学过的知识，提高绘制生产中实用零件图的能力。

二、内容与要求

1.根据给定的轴测图，绘制零件图。

2.每张图均用A3图纸绘制，比例自定。

三、注意事项

1.作图时，要以所绘之图一经脱手即将投入生产的心态，严肃、认真、高度负责地进行。

2.全面调用已学过的知识，综合加以应用。

3.对于所绘零件图；

(1) 要符合标准（如视图画法及其标注、尺寸标注、技术要求的注写、标准结构的画法及标注须查表进行标准化等）；

(2) 尽量符合生产实际（工艺结构的合理性，所注尺寸便于加工和测量，表面粗糙度、极限与配合、形位公差的选用既能保证零件的质量，又能降低零件的生产成本等）；

(3) 布局合理、图形简洁、尺寸清晰、字体工整，便于他人看图。

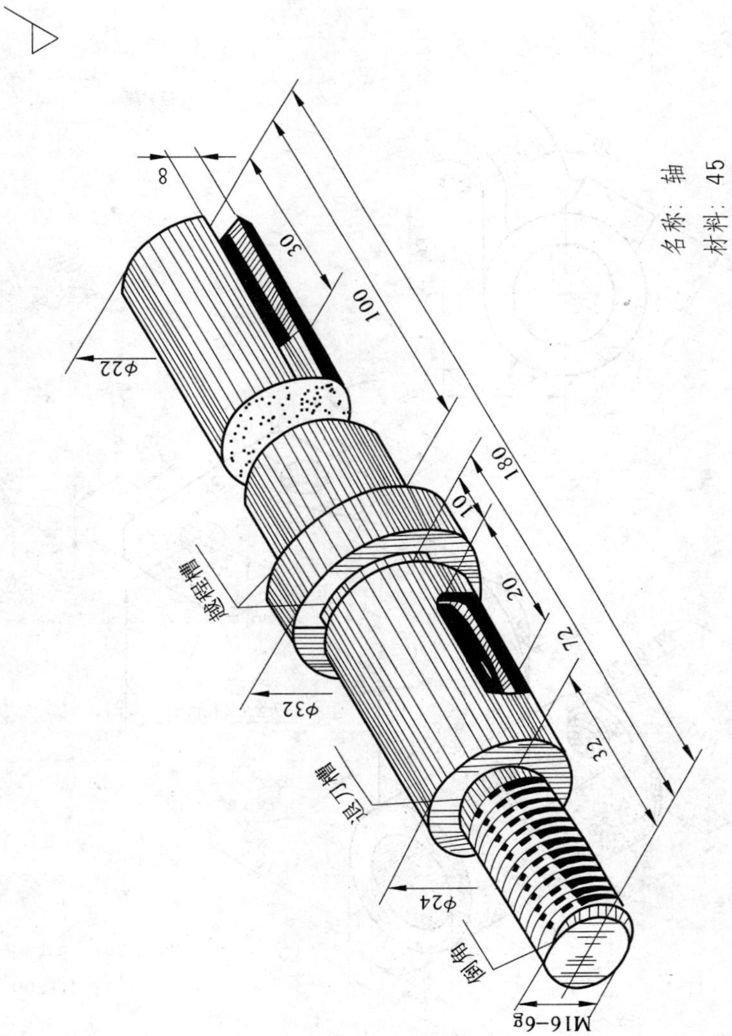

班级 姓名 学号

2.

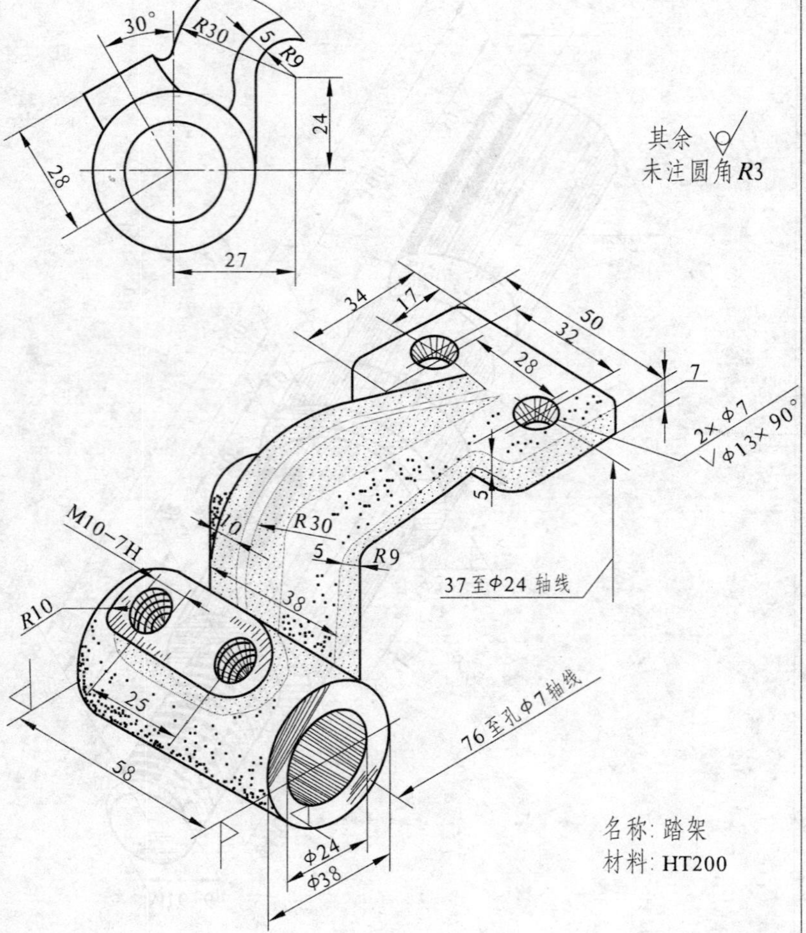

名称：踏架
材料：HT200

3.

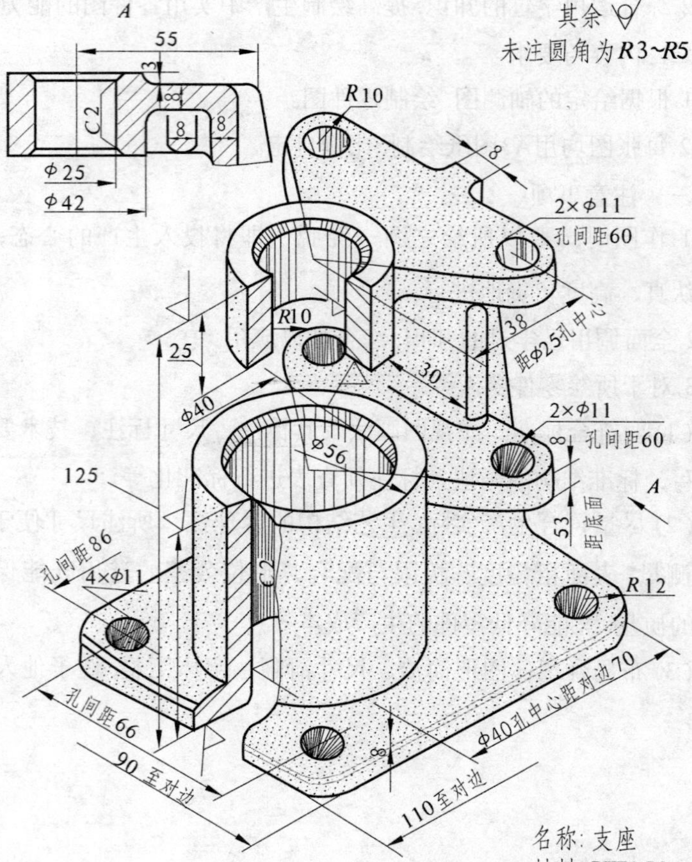

名称：支座
材料：HT150

班级　　　　姓名　　　　学号

4.

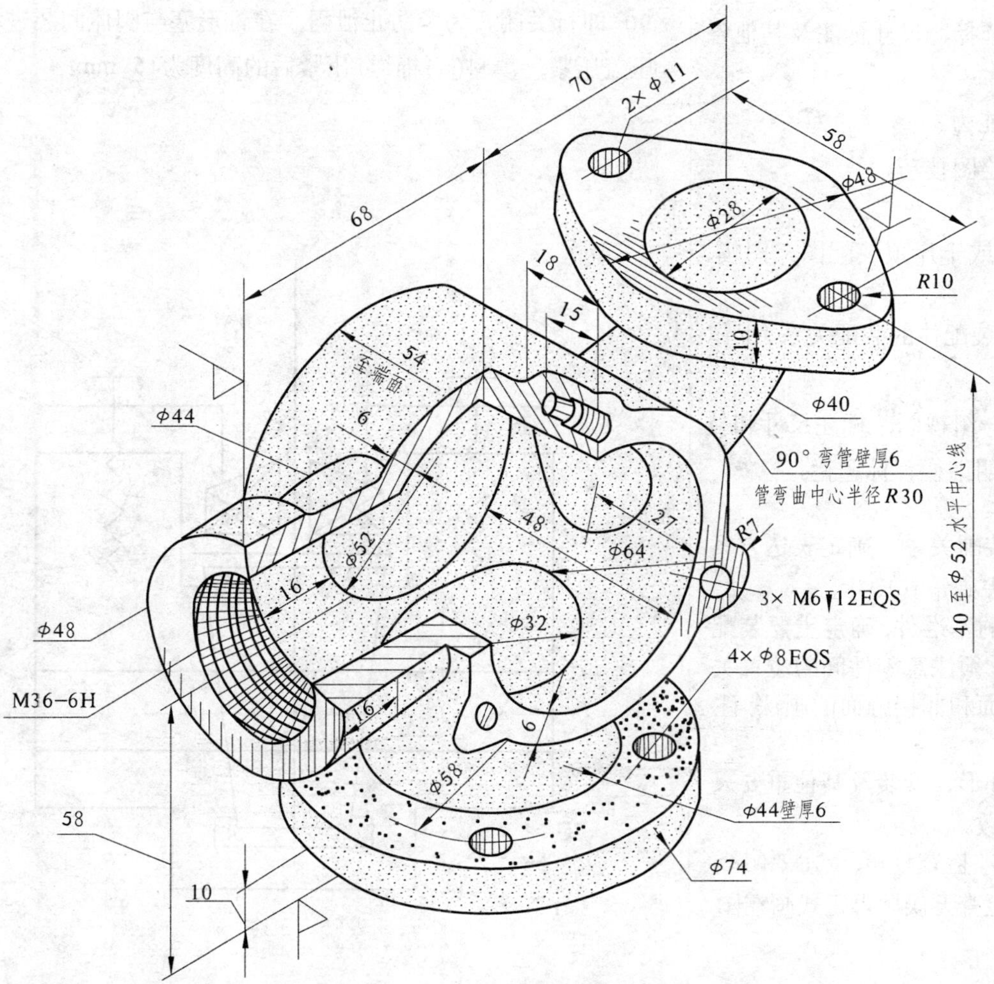

其余

未注圆角为$R5$。

名称：壳体

材料：HT150

班级　　　　姓名　　　　学号

第9章　装配图

9.1　由零件图画装配图

№7　作业指导书

一、目的

1.熟悉装配图的画法规定、视图选择、尺寸标注及其他各项内容。

2.进一步练习和检验读零件图的能力。

3.掌握画装配图的方法、步骤和绘图技巧。

二、内容及要求

按教师指定，绘制弹性辅助支承或千斤顶装配图。图幅、比例根据具体尺寸适当选取。

1.看懂装配示意图和零件图，了解装配体的装配关系、工作原理和基本结构。

2.选择表达方案，画出装配图的一组视图，标注尺寸和技术要求，编写零件序号，画出并填写明细栏、标题栏。

三、注意事项

1.绘图前应掌握各零部件之间的装配关系，确定表达方案。

2.对于装配体上的标准件，须查表确定其尺寸。

3.画图时应首先画出起定位作用的基准件，确定主要装配线，然后沿装配线依次画出每一零件。须注意零件间的位置关系、尺寸关系和遮挡关系；注意接触面和非接触面的画法；注意相邻零件剖面线不可相同。

4.装配图只须标注特性、装配、外形、安装及其他重要尺寸；零件序号的编写要整齐且方向一致。

5. 画装配图是一项较复杂的工作，检查校核，一定要耐心细致。初画装配图可先画一草图，经检查无误后再正式画在图纸上。

1.下图为旋塞的装配示意图，它以螺纹连接于管道上作为开关设备，其特点是开关迅速，图中所示是开的位置，将锥形塞旋转90°即行关闭。为了防止泄露，在锥形塞与阀体间装进填料，并用压盖压紧，填料(石棉绳)压紧后的高度为15 mm。

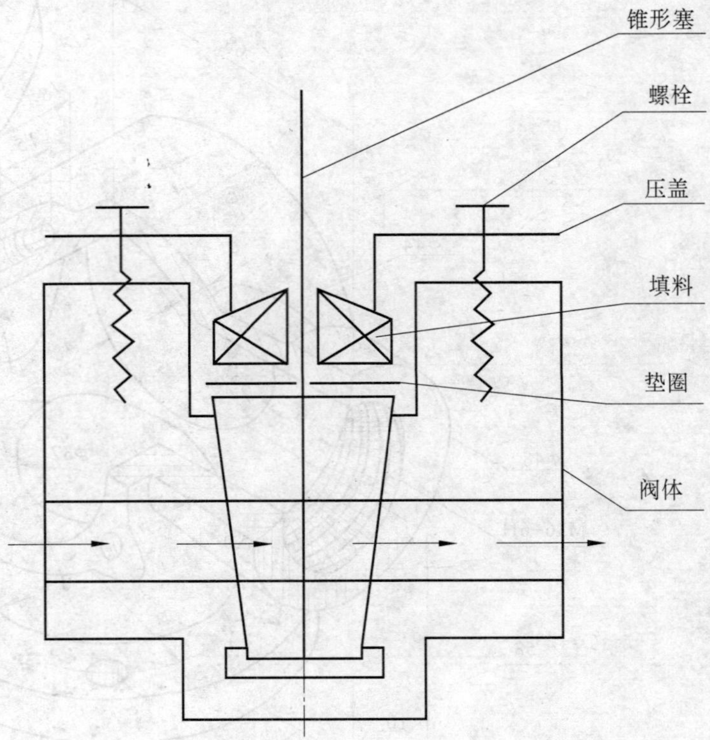

班级　　　　姓名　　　　学号

9.1（续）

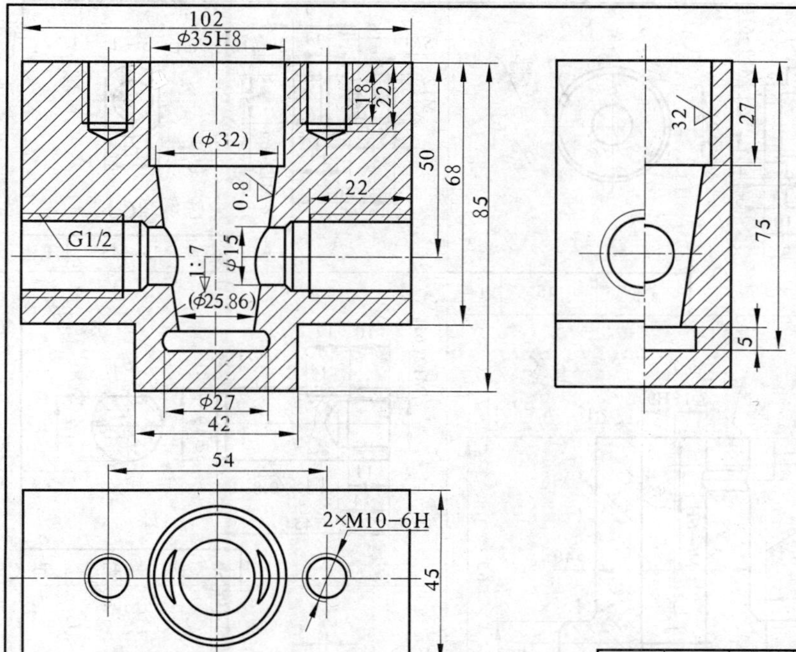

名称	阀体	材料	HT200	数量	1

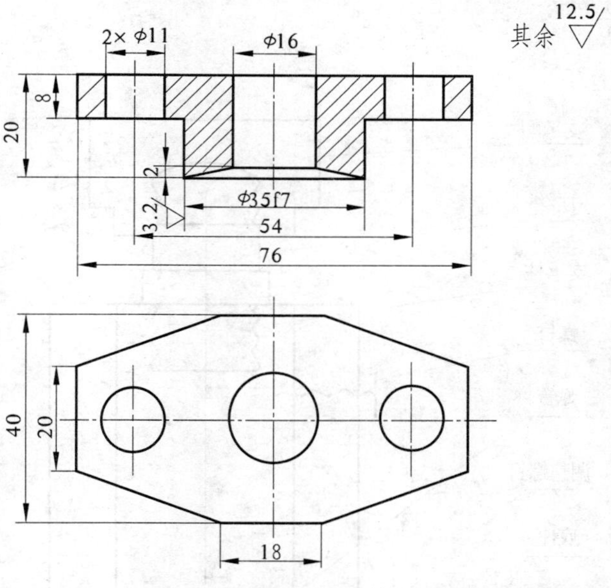

名称	压盖	材料	HT200	数量	1

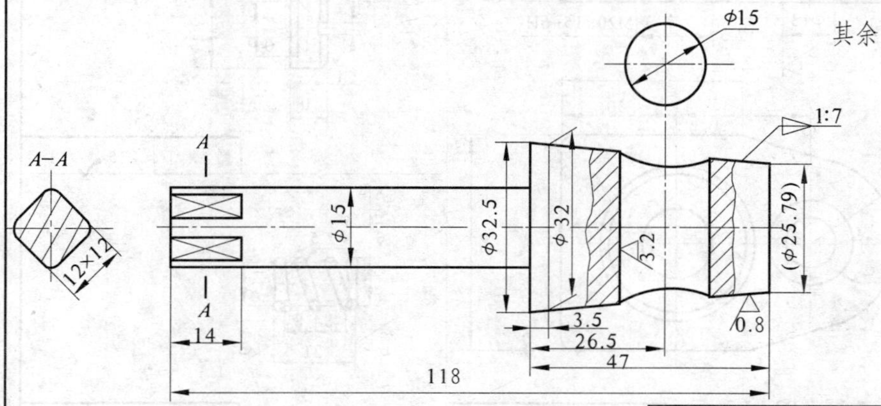

名称	锥形塞	材料	45	数量	1

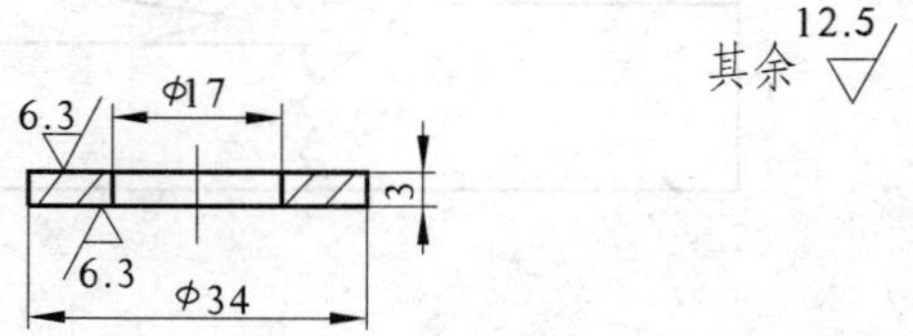

名称	垫圈	材料	45	数量	1

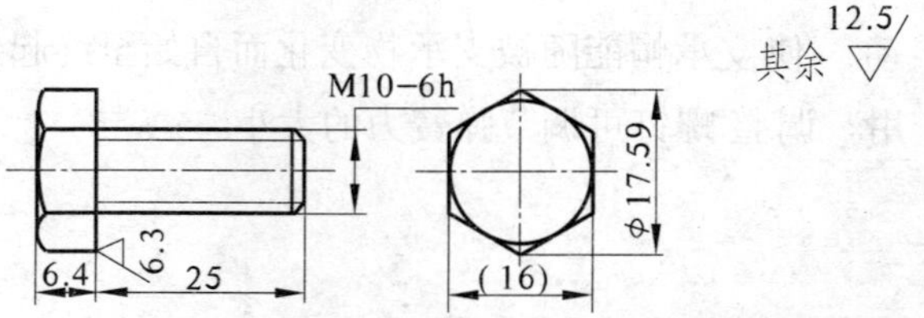

名称	螺栓	数量	2	GB 5780—2000

班级　　　　姓名　　　　学号

2.

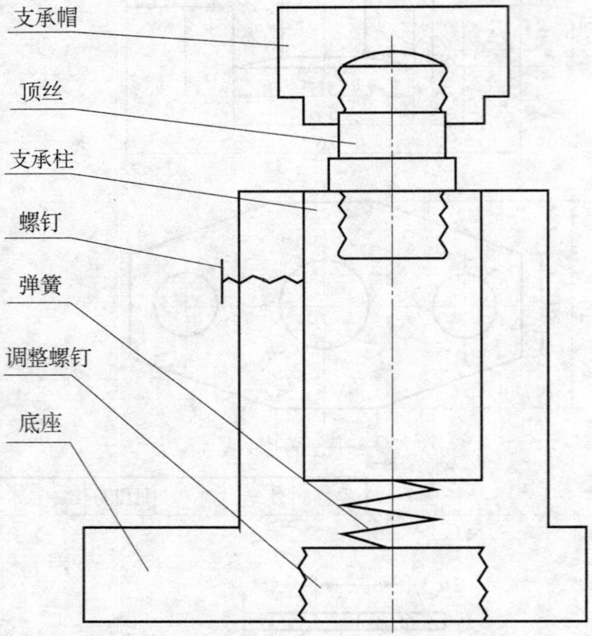

弹性辅助支承的功能：支承柱由于弹簧的作用能上下浮动，使支承帽能随被支承物变化而自始至终起到辅助作用。调整螺钉可调节弹簧力的大小。

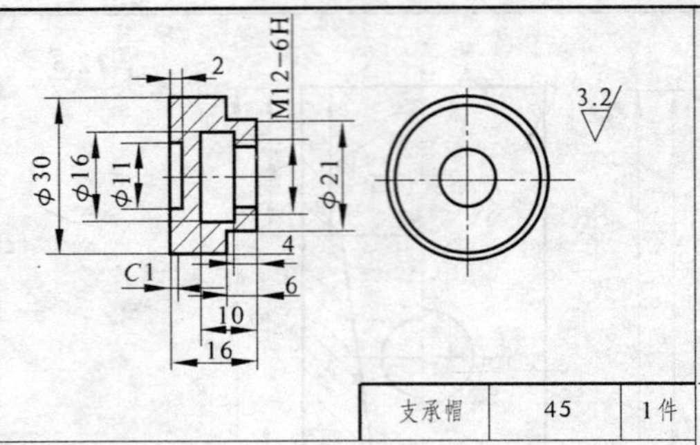

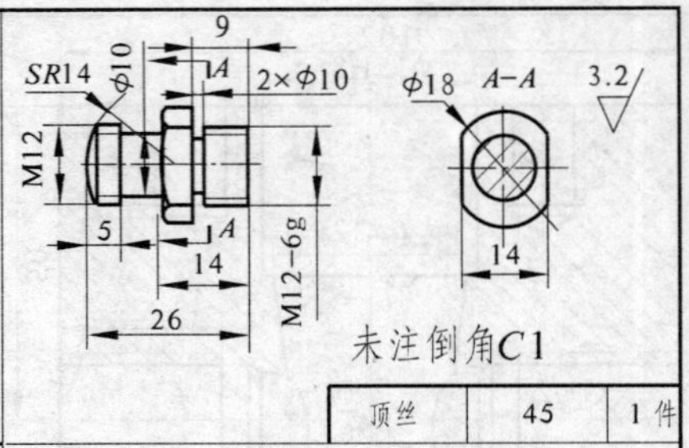

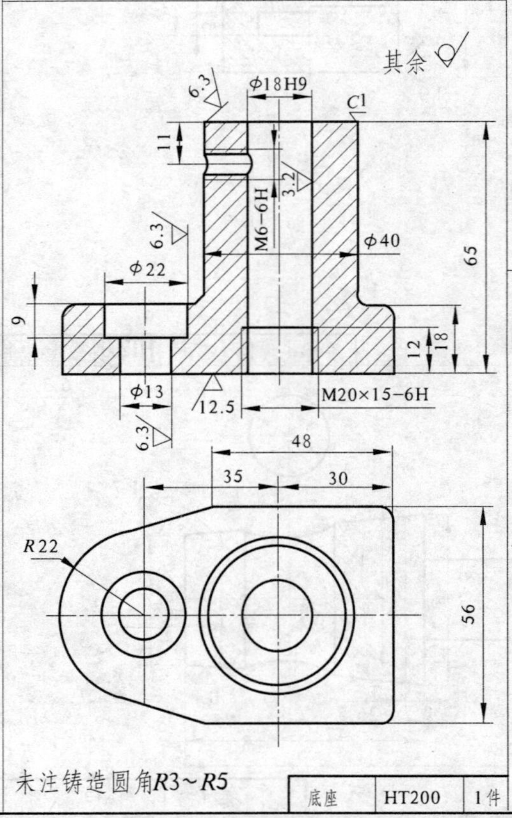

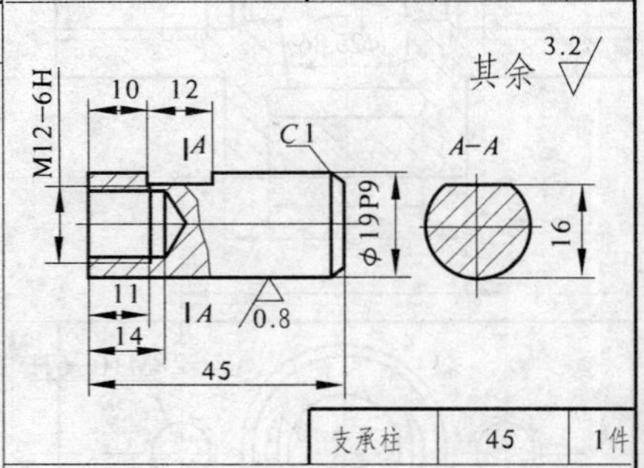

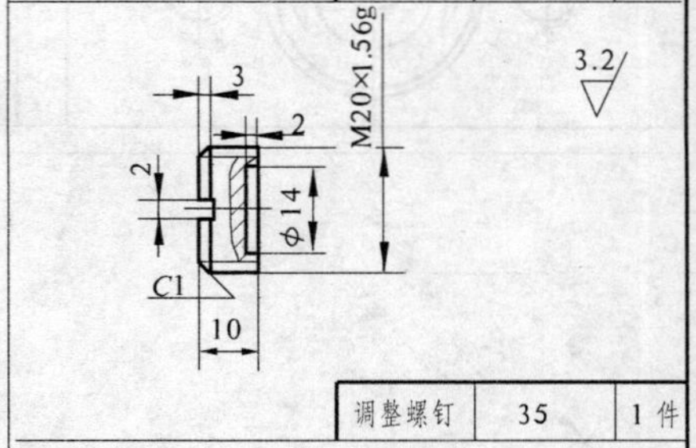

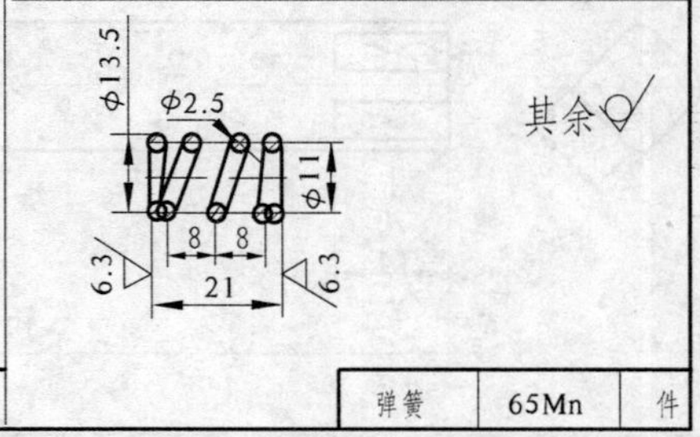

班级　　姓名　　学号

3.

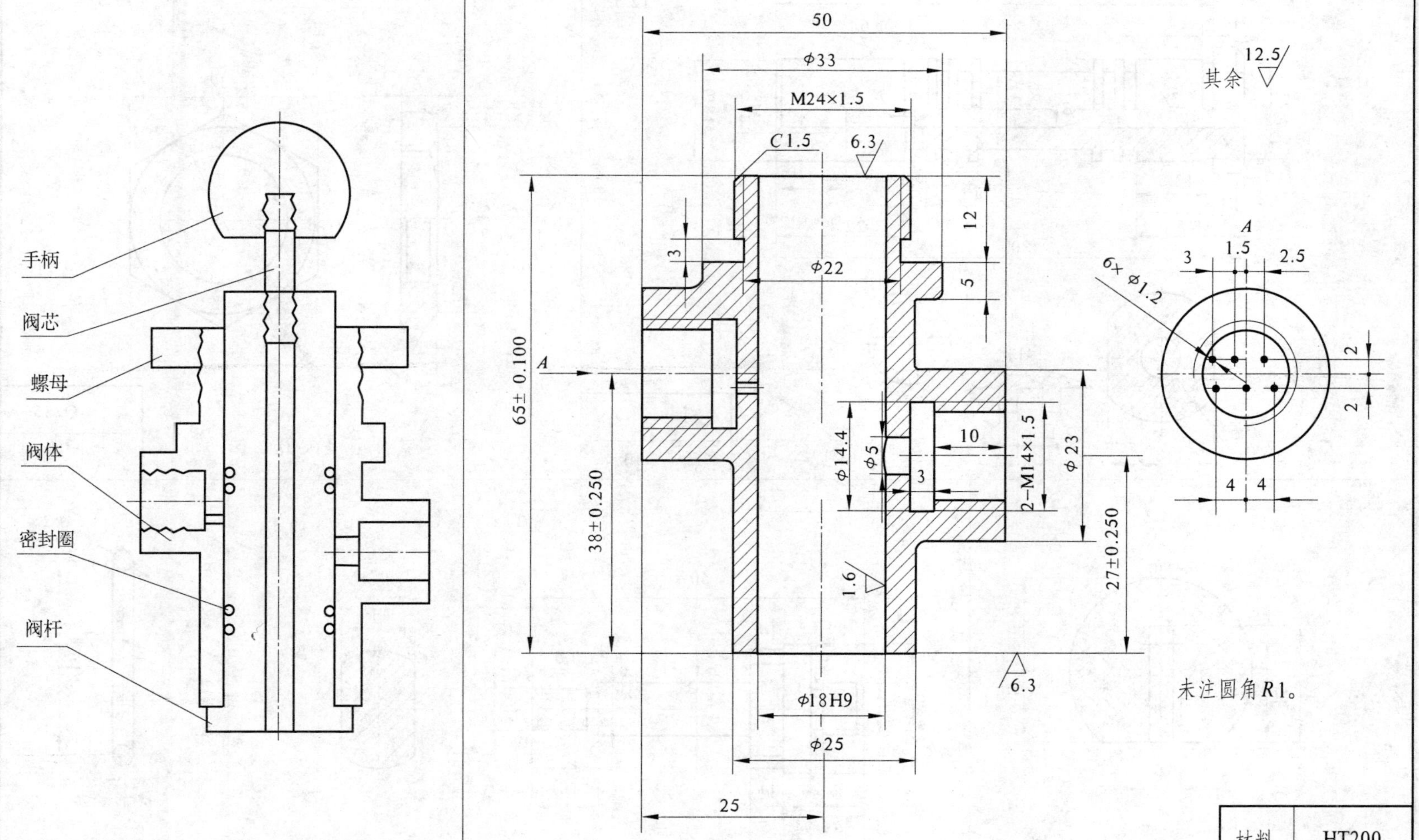

材料	HT200
名称	阀体

班级　　姓名　　学号

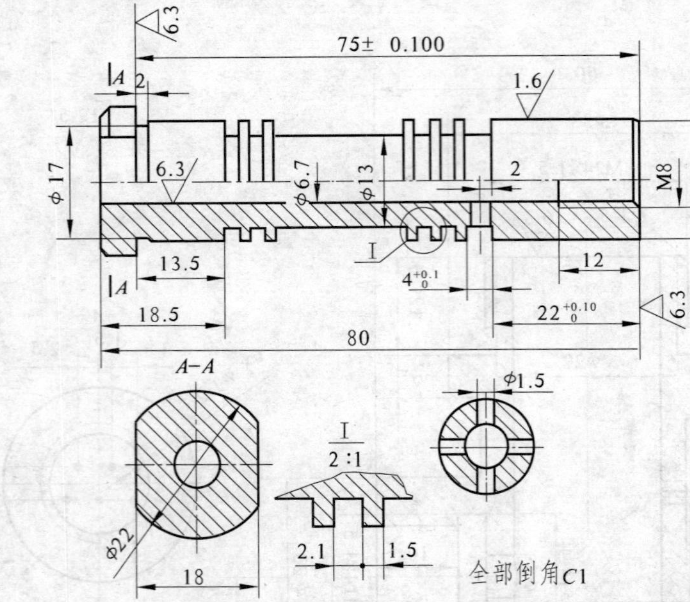

其余 12.5

全部倒角C1

材料	45
名称	阀杆

其余 12.5

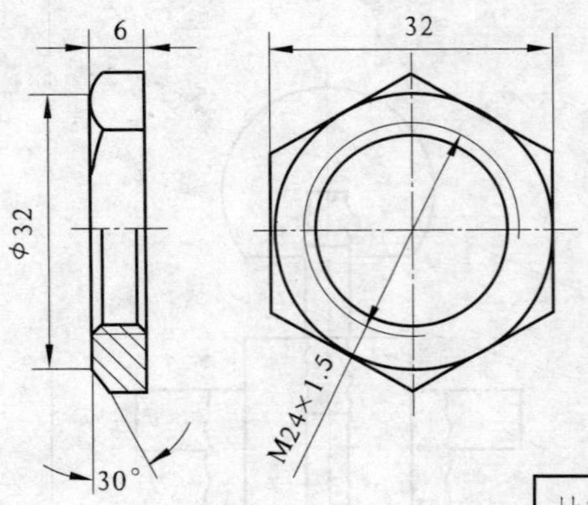

全部倒角1×45°

材料	Q235–A
名称	螺母

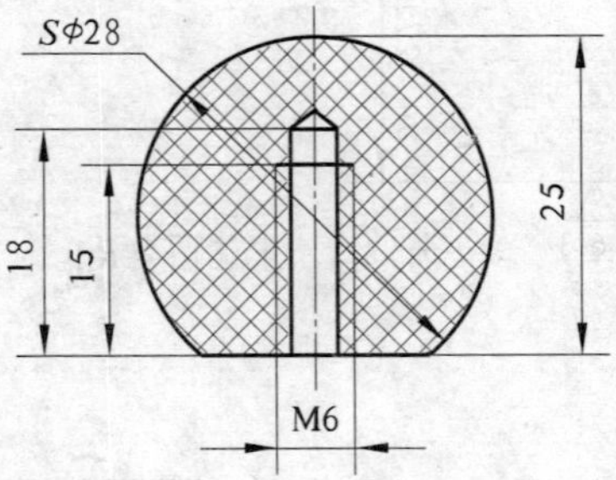

材料	43
名称	手柄

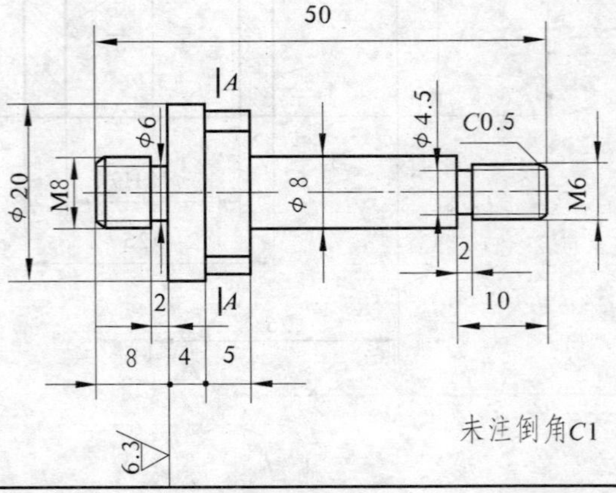

未注倒角C1

其余 12.5

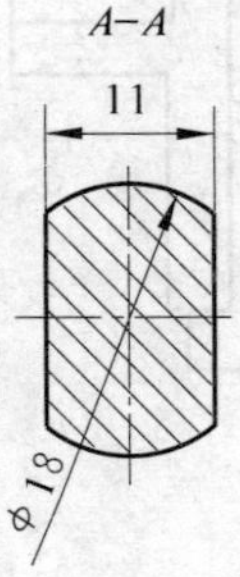

材料	45
名称	阀芯

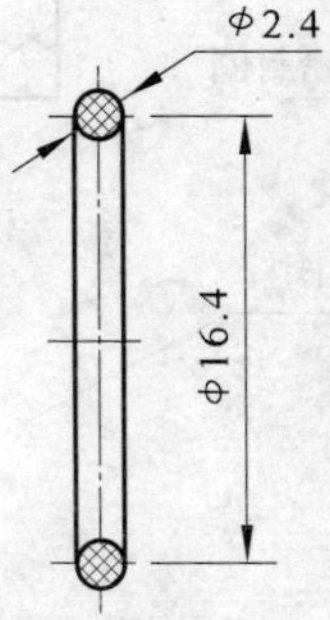

材料	耐油橡胶
名称	密封圈

班级　　姓名　　学号

1.管钳的工作原理：旋转8号件手柄，在矩形螺纹的作用下，带动6号件螺杆上下移动，螺杆带动上钳口4上下移动，夹紧和松开物体。

看管钳的装配图，指出装配图中所标序号附近的错误：

Ⅰ ____________________

Ⅱ ____________________

Ⅲ ____________________

Ⅳ ____________________

Ⅴ ____________________

Ⅵ ____________________

Ⅶ ____________________

Ⅷ ____________________

Ⅸ ____________________

Ⅹ ____________________

图中是否还有未表达清楚的或表达不当的结构：

图中是否还有未标注的尺寸：

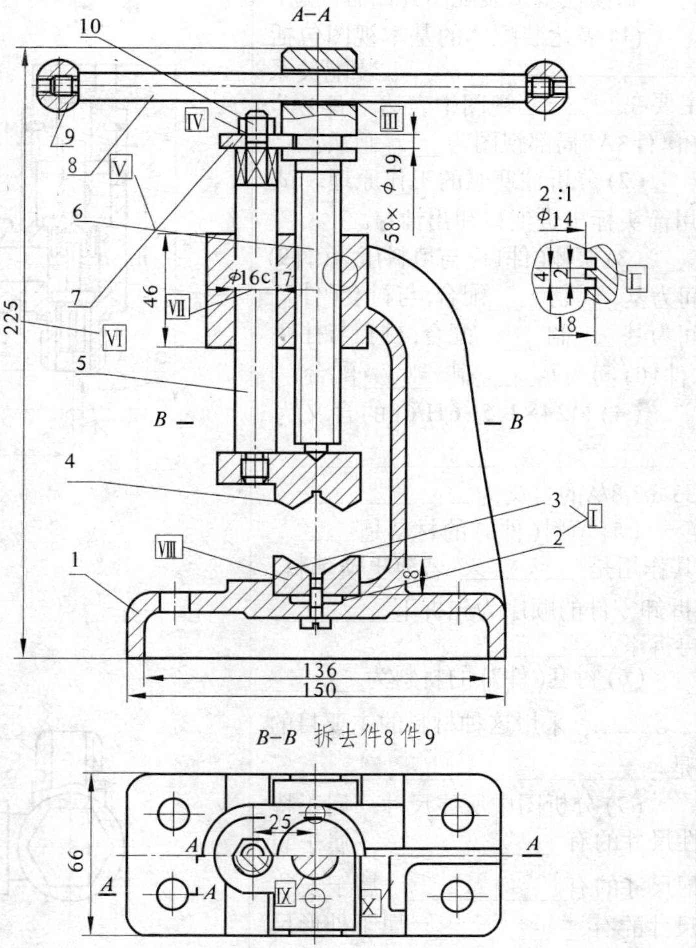

序号	代号	名称	数量	材料	备注
10	GB/T 6170-2000	螺 母M8	1		
9		手柄球	2	43	
8		手 柄	1	45	
7		压 板	1	43	
6		螺 杆	1	45	
5		导 杆	1	45	
4		上钳口	1	43	
3		下钳口	1	45	
2	GB/T 67-2000	螺钉M6×12	2		
1		钳 座	1	HT250	

管 钳	比例	1:1	(图号)
	重量		
制图		(学校 班级)	
审核			

技术要求

1. 装配后，转动手柄时，钳口上下移动应灵活，无爬行和卡死现象。
2. 非加工表面喷黑色皱纹漆。

班级　　　　姓名　　　　学号

2.读柱塞泵装配图并回答问题:

(1) 表达装配体的基本视图包括________，装配关系主要在______视图中表达，“件2A”和“件3A”局部视图为_____画法。

(2) 分析柱塞泵的工作原理，试用箭头标出进油口和出油口。

(3) 泵体(件11) 与填料压盖(件9)间为基___制____配合；与衬套(件7)间为基___制____配合，衬套与柱塞(件10) 间为基____制_____配合。

(4) M24×1.5−6H/6g的含义为______________；G3/8/3/8/A的含义为__________。

(5) 填料(件8) 的材料是_____，其作用是________，若要更换填料，拆卸零件的顺序为先拆下________，再拆下________。

(6) 衬套(件7) 的材料为____________，采用这种材料的主要目的是_________________。

(7) 分析图中所注尺寸，属于特性尺寸的有__________，属于装配尺寸的有________，属于安装尺寸的有________，属于外形尺寸的有________，“120~130”的尺寸注法表示____________。

(8) 按教师指定，拆画接头体(件1)或柱塞(件10) 的零件图。

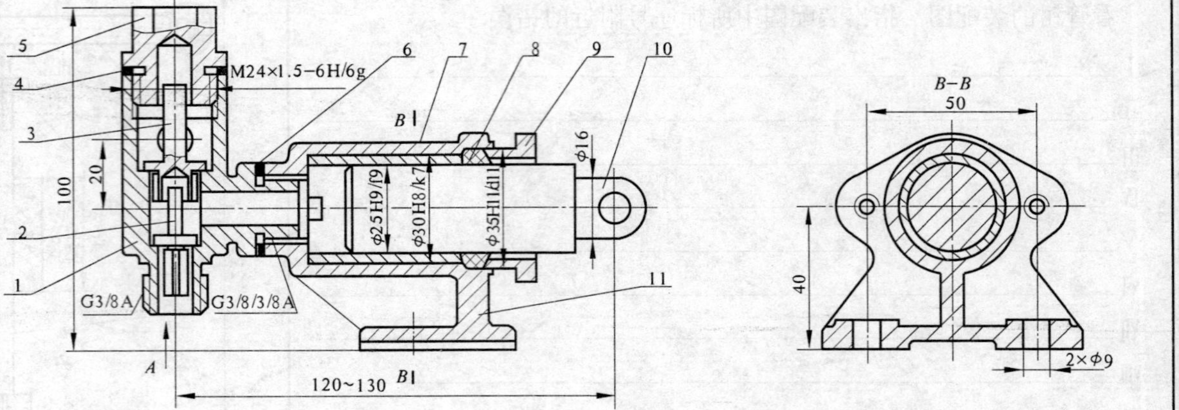

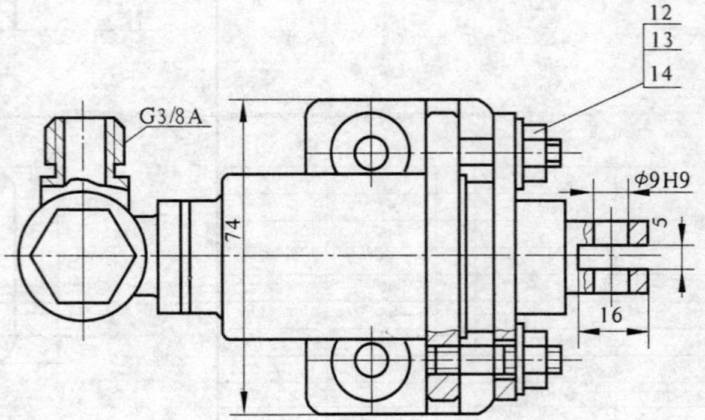

14	GB/T97.1−2002	垫圈 6−140HV	2		
13	GB/T898−1988	螺柱 M6×20	2		
12	GB/T6170−2000	螺母M6	2		
11		泵体	1	HT200	
10		柱塞	1	45	
9		填料压盖	1	Q235A	
8		填料	1	石棉	
7		衬套	1	ZCuSn5Pb5Zn5	
6		垫片2	1	耐油橡胶	
5		螺塞	1	Q235A	
4		垫片1	1	耐油橡胶	
3		上阀芯	1	45	
2		下阀芯	1	45	
1		接头体	1	HT200	
序号	代号	名称	数量	材料	备注

柱塞泵	比例	重量	共1张	(图号)
	1:1		第1张	
制图		(学校　班级)		
校核				

班级　　　　姓名　　　　学号

3.读折角阀装配图并回答问题:

(1) 折角阀由______个零件组成，其中标准件有__________个。

(2) 折角阀的主视图采用了________________画法，其中扳手(件5)采用了________画法。

(3) 俯视图中的双点画线是一种________画法，表示______________。

(4) 图中的 B–B 是______________图，主要表达________________。

(5) C向是__________图，表示____________。件2C向图形中的两个小圆孔结构的作用是____________________。

(6) 螺塞(件2)与阀座(件1)是________连接，扳手(件5)与阀芯(件4)是________连接。

(7) 解释 $\phi18\frac{H8}{m7}$ 的含义:________________。

(8) 图中G1/2是______尺寸，ϕ142是______尺寸，205是______尺寸，$\phi18\frac{H8}{m7}$ 是______尺寸。

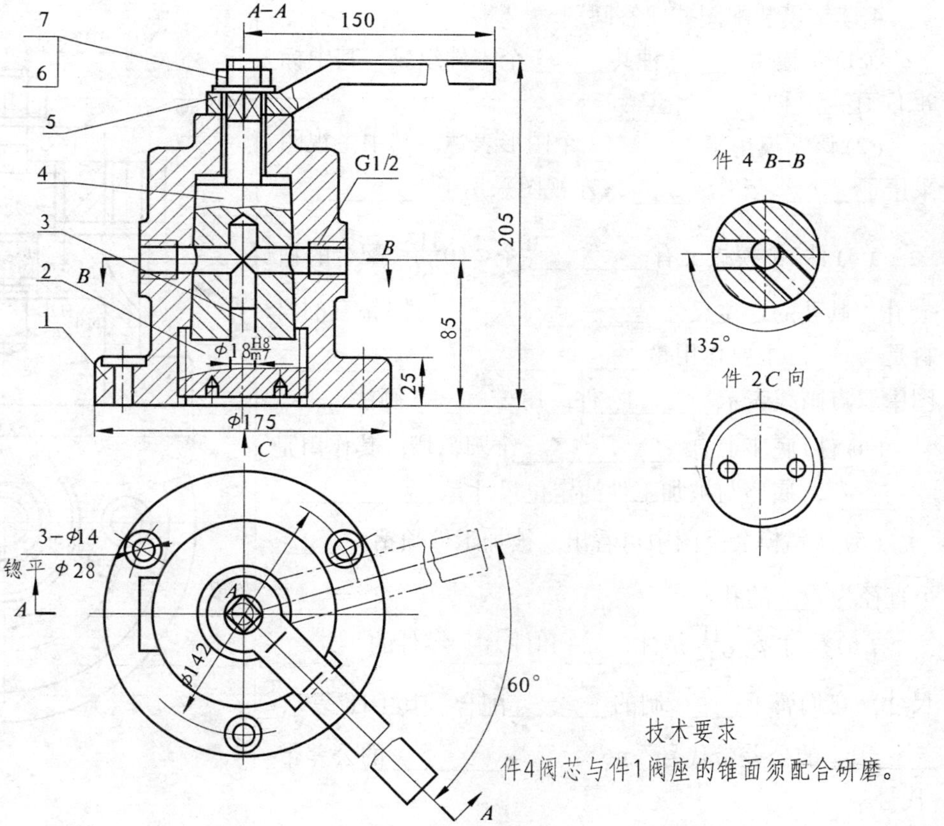

技术要求

件4阀芯与件1阀座的锥面须配合研磨。

序号	代号	名称	数量	材料	备注
7	GB 41–86	螺母M20	1		
6	GB 93–87	垫圈	1		
5		扳手	1	HT200	
4		阀芯	1	ZCuSn5Pb5Zn5	
3		堵头	1	Q235	
2		螺塞	1	Q235	
1		阀座	1	HT200	

折角阀	比例	1:2	(图号)
	重量		
制图		(学校 班级)	
审核			

班级　　姓名　　学号

4.读钻模装配图并回答问题:

(1) 钻模由______种共______个零件组成，其中标准件有_____种。

(2) 该钻模用了________个图形表达，其中主视图采用了________和_______，左视图采用了___________。

(3) 件2钻模板上有__________个$\phi 10\frac{H7}{n6}$配合的钻套孔，其孔的定位尺寸是_____________。件3钻套的材料是_____，主要作用是_____、_____、_____、______。图中双点画线表示________件，属于_____画法。

(4) 件1底座上有____________个圆弧槽，其作用是________，底座与被加工件的定位尺寸是__________。

(5) 从钻模装配图中可看出，被加工件须钻________个直径为____的孔。

(6) 尺寸$\phi 26\frac{H7}{n6}$是件_____和件_____零件的________尺寸，它们属于______制的________配合，其中H7表示________的公差带代号，n6表示__________的公差带代号。

(7) 该钻模的总体尺寸为_______________。

(8) 被加工件上的孔钻完后，应先旋松零件件_______，再取下件____和件_____，被加工件便可拿出。

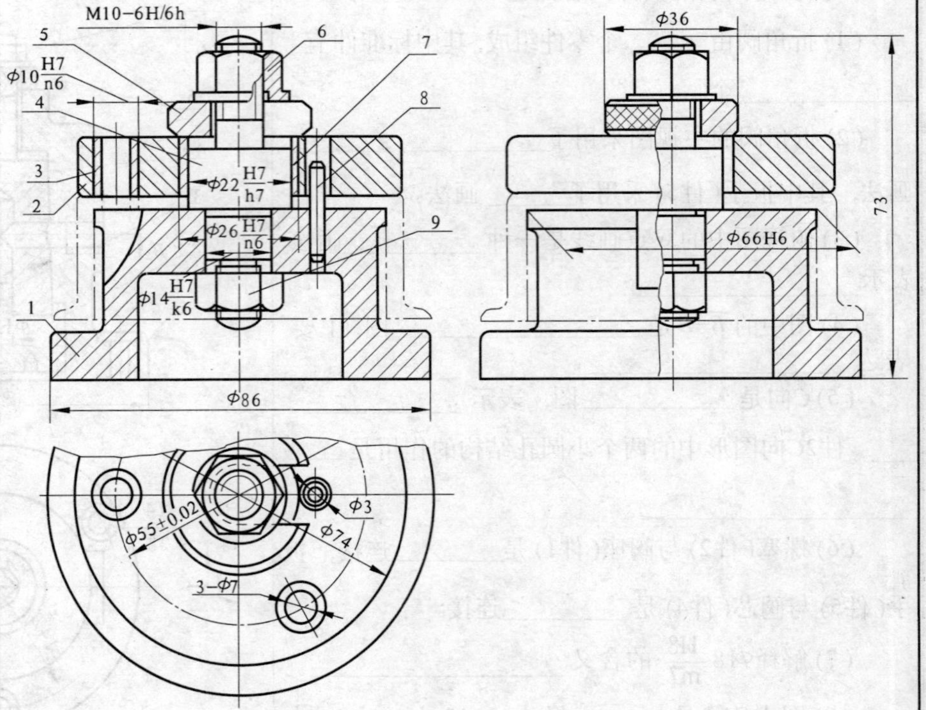

序号	代号	名称	数量	材料	备注
9	GB 41-86	六角螺母	1	35	
8	GB 119-86	销 A3×28	1	35	
7		衬套	1	45	
6		特制螺母	1	35	
5		开口垫圈	1	40	
4		轴	1	40	
3		钻套	3	T8	
2		钻模板	1	40	
1		底座	1	HT150	

钻模		比例	1:1	(图号)
		重量		
制图			（学校　班级）	
审核				

班级　　　　姓名　　　　学号

5.读拆卸器装配图，拆画件5的零件图（画在空白处）。

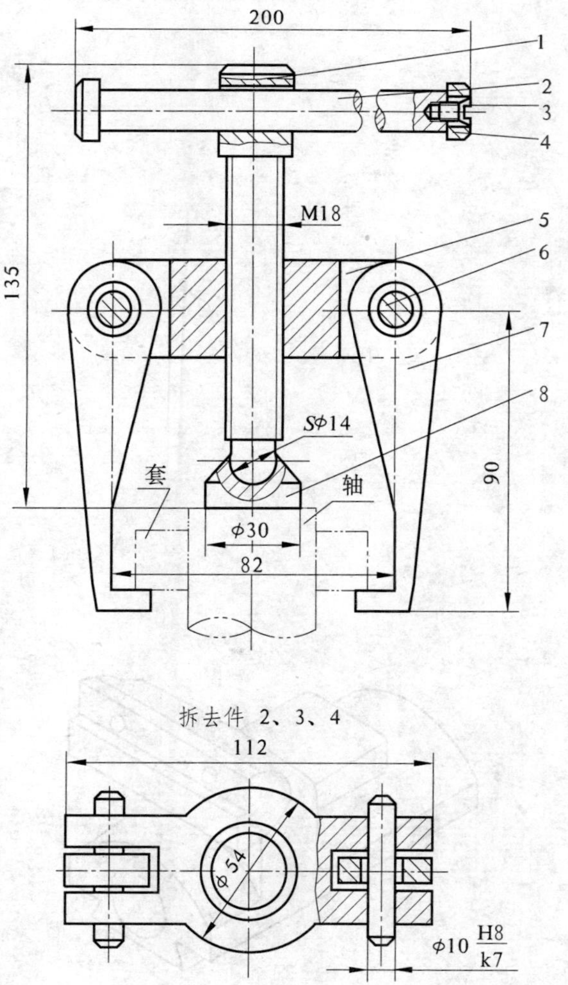

拆卸器工作原理

拆卸器用来拆卸紧密配合的两个零件。工作时，把压紧垫8触至轴端，使抓子7勾住轴上要拆卸的轴承或套，顺时针转动把手2，使压紧螺杆1转动，由于螺纹的作用，横梁5此时沿螺杆1上升，通过横梁两端的销轴，带着两个抓子7上升，直至将零件从轴上拆下。

序号	名称	数量	材料	备注
8	压紧垫	1	45	
7	抓子	2	45	
6	销 10m6× 60	2	35	GB/T 119.1—2000
5	横梁	1	Q235A	
4	挡圈	1	Q235A	
3	螺钉 M5× 8	1	4.8 级	GB/T 68—2000
2	把手	1	Q235A	
1	压紧螺杆	1	45	

拆卸器		比例		共 张
		图号		第 张
制图			（学校 班级）	
审核				

班级　　　　姓名　　　　学号

6.读台虎钳装配图，回答下列问题。

(1) 本部件名称是______________，共由________种零件组成，其中标准件有_________种。

(2) 转动手柄使_________同时转动，由于螺母与丝杆是连接，当丝杆转动时，被_______阻挡，丝杆不能作左右移动，而迫使螺母作左右移动，由于螺母与活动钳身6是______配合，而且还有两个紧定螺钉12将它们连接在一起（从俯视图可看出），于是螺母连同活动钳身一起左右移动，以达到夹紧工件的目的。

(3) 台虎钳夹持工件厚度尺寸的最大范围是______，台虎钳安装到工作台面上时台面的厚度尺寸应≤________

(4) 保证活动钳身左右移动不产生偏斜现象，是依靠活动钳身6与固定钳身8上面的______导轨导向。

(5) 钳口铁7与活动钳身、固定钳身是通过_____连接的。

(6) 主视图中$\phi 20\frac{H8}{f7}$表示件________与件_______之间是________________配合。

(7) *B*−*B* 断面图为什么中间用波浪线断开?

(8) *A* 剖视图表示哪个零件的结构形状?

参阅活动钳身轴测图，在上边拆画零件图。

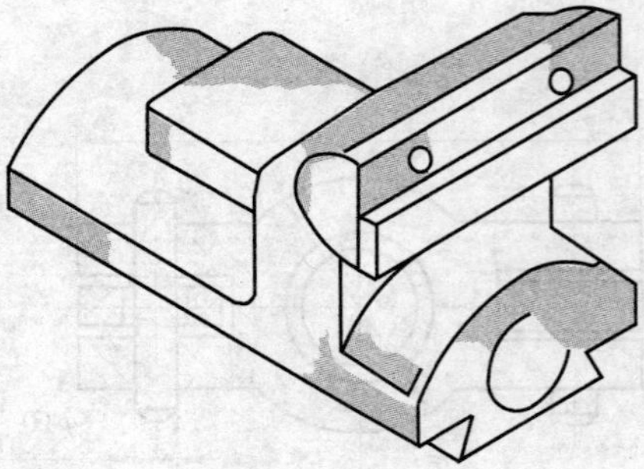

班级　　　　　　　　姓名　　　　　　　　学号

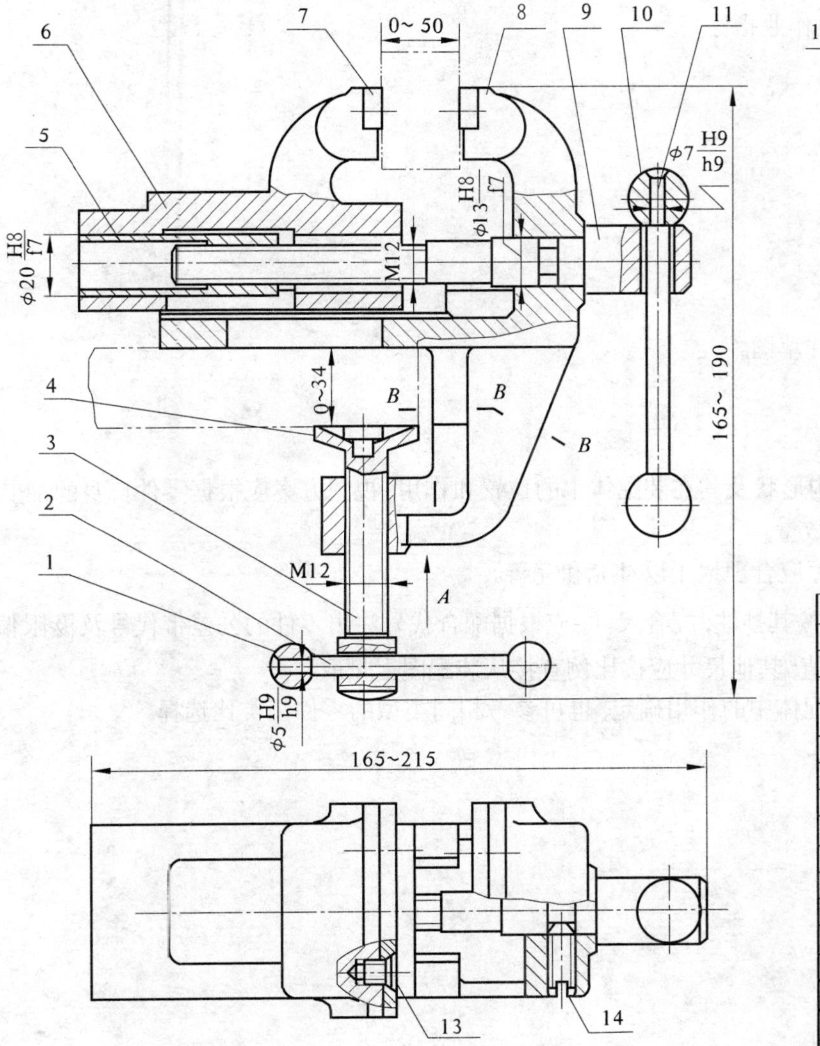

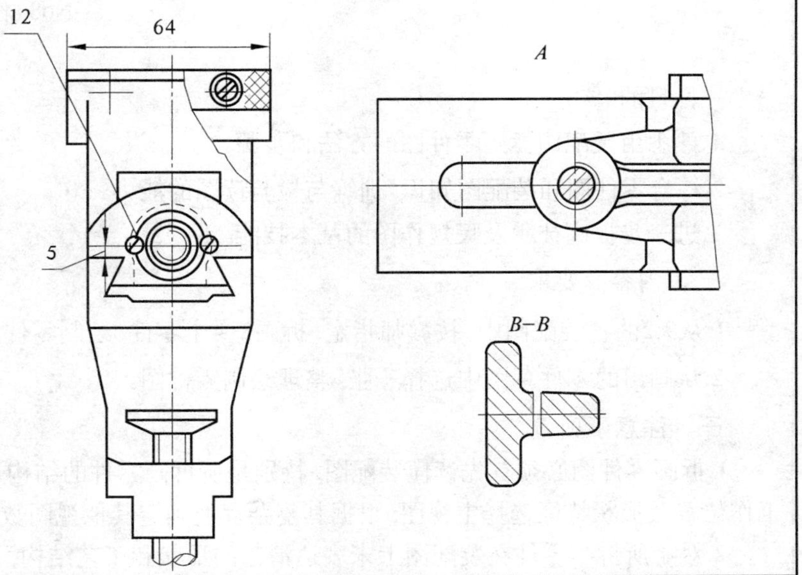

序号	名称	件数	材料	备注
14	紧定螺钉 M8×20	1	Q235A	GB/T 68
13	沉头螺钉 M6×25	4	Q235A	GB/T 71
12	紧定螺钉 M5×15	2	Q235A	GB/T 73
11	手柄	1	Q235A	
10	球φ18	2	Q235A	
9	丝杆	1	45	
8	固定钳身	1	HT150	
7	钳口铁	2	45	
6	活动钳身	1	HT150	
5	螺母	1	Q235A	
4	托杯	1	Q235A	
3	螺杆	1	Q235A	
2	手柄	1	Q235A	
1	球φ12	2	Q235A	

台虎钳		比例	1:1	（图号）
制图			（学校　班级）	
审核				

班级　　　　姓名　　　　学号

No8 作业指导书

一、目的

1.熟悉由装配图拆画零件图的方法和步骤。

2.综合零件图和装配图知识，训练与检验读图的能力。

3.进一步提高徒手及尺规作图的基本技能。

二、内容及要求

1.从9.2的各装配图中，按教师指定，拆画3~4个零件，绘制零件草图。

2.从画出的零件草图中选择一张，整理绘制零件图。

三、注意事项

1.拆画零件图必须首先读懂装配图，特别是所拆画零件的结构形状及其在装配体中的位置和作用；视图方案应根据零件自身的加工、工作位置及形状特征选择主视图；根据其复杂程度确定其他视图数量。

2.对于所拆画零件在装配图上未表达清楚的形状和工艺结构，应合理地予以补充和完善。

3.确定和标注零件尺寸时，对于装配图上已注出的尺寸，必须按其抄注；配合尺寸，应根据配合代号注出零件的公差带代号及极限偏差；对于标准件、标准结构以及与它们有关的尺寸应查表取标准值；其他尺寸应按比例直接从装配图上量取。

4.零件的表面粗糙度、形位公差等技术要求，应根据其在装配体中的作用确定，也可参考相同类型的零件图类比选择。

班级 姓名 学号

参 考 文 献

[1] 李俊武. 工程制图习题集[M]. 北京:机械工业出版社. 2006.
[2] 钱可强. 机械制图[M]. 2 版. 北京:高等教育出版社. 2007.
[3] 朱凤艳. 机械制图习题集[M]. 2 版. 大连:大连理工大学出版社. 2005.
[4] 叶青玉. 工程制图习题集[M]. 北京:化学工业出版社,2004.
[5] 王南燕. 机械制图习题集[M]. 北京:清华大学出版社. 2004.
[6] 张方津. 机械制图[M]. 北京:学苑出版社,2002.
[7] 寇世瑶. 机械制图习题集[M]. 北京:高等教育出版社,2004.
[8] 叶青玉,刘冬敏. 机械制图习题集[M]. 郑州:郑州大学出版社. 2008.
[9] 刘小年. 机械制图[M]. 2 版. 北京:机械工业出版社,1999.
[10] 常毅,柴桥,谢先敏. 机械制图[M]. 修订版. 北京:科学出版社. 2006.
[11] 李俊武. 工程制图习题集[M]. 北京:机械工业出版社,2006.
[12] 寇世瑶. 机械制图[M]. 北京:高等教育出版社,2004.
[13] 张景耀. 机械制图习题集[M]. 北京:人民邮电出版社,2007.